内蒙古自治区优质校建设成果精品教材

马铃薯生产加工丛书

马铃薯食品加工技术

主　编　赵玉娟　郝伯为

副主编　李晓波　孟祥平　刘海英

编　者　许慧娇　张一帆　陈建保　张祚恬

段伟伟　高文霞　康　俊　彭向永

丛书主编　张祚恬

丛书主审　陈建保　郝伯为

武汉理工大学出版社

·武　汉·

内 容 提 要

本书是“马铃薯生产加工丛书”之一，全书共分四个部分：第一部分讲述马铃薯的加工特性与贮藏特点，第二部分讲述九大类上百种以马铃薯为原料的食品加工技术，第三部分讲述马铃薯制糖技术，第四部分讲述马铃薯食品的质量控制。

本书可作为马铃薯食品加工专业的教学用书，也可作为相关从业人员的专业培训教材及参考用书。

图书在版编目(CIP)数据

马铃薯食品加工技术/赵玉娟，郝伯为主编．—武汉：武汉理工大学出版社，2019.8
ISBN 978-7-5629-6058-4

Ⅰ.①马… Ⅱ.①赵… ②郝… Ⅲ.①马铃薯-食品-加工 Ⅳ.①TS235.2

中国版本图书馆 CIP 数据核字(2019)第 161177 号

项目负责人：崔庆喜(027-87523138)
责 任 编 辑：雷 蕾
责 任 校 对：向玉露
封 面 设 计：芳华时代
出 版 发 行：武汉理工大学出版社
社　　　址：武汉市洪山区珞狮路 122 号
邮　　　编：430070
网　　　址：http://www.wutp.com.cn
经　　　销：各地新华书店
印　　　刷：武汉市金港彩印有限公司
开　　　本：787×1092 1/16
印　　　张：10.5
字　　　数：262 千字
版　　　次：2019 年 8 月第 1 版
印　　　次：2019 年 8 月第 1 次印刷
印　　　数：1000 册
定　　　价：32.00 元

凡使用本教材的教师，可通过 E-mail 索取教学参考资料。
E-mail：wutpcqx@163.com 1239864338@qq.com
凡购本书，如有缺页、倒页、脱页等印装质量问题，请向出版社发行部调换。
本社购书热线电话：027-87384729 87664138 87165708(传真)

总　　序

马铃薯是粮、菜、饲、加工兼用型作物，因其适应性广、丰产性好、营养丰富、经济效益高、产业链长，已成为世界和我国粮食生产的主要品种和粮食安全的重要保障。马铃薯在我国各个生态区都有广泛种植，我国政府对马铃薯产业的发展高度重视。目前，我国每年种植马铃薯达550多万公顷，总产量达9000多万吨，我国马铃薯的种植面积和产量均占世界马铃薯种植面积和产量的1/4。中国已成为名副其实的马铃薯生产和消费大国，马铃薯行业未来的发展，世界看好中国。

马铃薯是乌兰察布市的主要农作物之一，种植历史悠久，其生长发育规律与当地的自然气候特点相吻合，具有明显的资源优势。马铃薯产业是当地的传统优势产业，蕴藏着巨大的发展潜力。从20世纪60年代开始，乌兰察布市在国内率先开展了马铃薯茎尖脱毒等技术研究，推动了全国马铃薯生产的研究和发展，引起世界同行的关注。全国第一个脱毒种薯组培室就建在乌兰察布农科所。1976年，国家科学技术委员会、科学院、农业部等部门的数十名专家在全国考察，确定乌兰察布市为全国最优的马铃薯种薯生产区域，并在察哈尔右翼后旗建立起我国第一个无病毒原种场。近年来，乌兰察布市市委、市政府顺应自然和经济规律，高屋建瓴，认真贯彻关于西部地区"要把小土豆办成大产业"的指示精神，发挥地区比较优势，积极调整产业结构，把马铃薯产业作为全市农业发展的主导产业来培育。通过扩规模、强基地、提质量、创品牌，乌兰察布市成为全国重点马铃薯种薯、商品薯和加工专用薯基地，马铃薯产业进入新的快速发展阶段。与此同时，马铃薯产业科技优势突出，一批科研成果居国内先进水平，设施种植、膜下滴灌、旱地覆膜等技术得到大面积推广使用。乌兰察布市的马铃薯种植面积稳定在26万公顷，占自治区马铃薯种植面积的1/2，在全国地级市中排名第一。马铃薯产业成为彰显地区特点、促进农民增收致富的支柱产业和品牌产业。2009年3月，中国食品工业协会正式命名乌兰察布市为"中国马铃薯之都"。2011年12月，乌兰察布市在国家工商总局注册了"乌兰察布马铃薯"地理标志证明商标，"中国薯都"地位得到进一步巩固。

强大的产业优势呼唤着高水平、高质量的技术人才和产业工人，而人才支撑是做大做强优势产业的有力保障。乌兰察布职业学院敏锐地意识到这是适应地方经济、服务特色产业的又一个契机。学院根据我国经济发展及产业结构调整带来的人才需求，经过认真、全面、仔细的市场调研和项目咨询，紧贴市场价值取向，凭借既有的专业优势，审时度势，务实求真；学院本着"有利于超前服务社会，有利于学生择业竞争，有利于学院可持续发展"的原则，站在现代职业教育的前沿，立足乌兰察布市，辐射周边，面向市场；学院敢为人先，申请开设了"马铃薯生产加工"专业，并于2007年10月获得国家教育部批准备案，2008年秋季开始正式招生，在我国高等院校首开先河，保证专业建设与地方经济有效而及时地对接。

该专业是国内高等院校首创，没有固定的模式可循，没有现成的经验可学，没有成型的教材可用。为了充分体现以综合素质为基础、以职业能力为本位的教学指导思想，学院专门建立了以马铃薯业内专家为主体的专业建设指导委员会，多次举行研讨会，集思广益，互相磋商，按照课程设置模块化、教学内容职业化、教学组织灵活化、教学过程开放化、教学方式即时化、教学手段现代化、教学评价社会化的原则，参照职业资格标准和岗位技能要求，制订“马铃薯生产加工”专业的人才培养方案，积极开发相关课程，改革课程体系，实现整体优化。

由马铃薯行业相关专家、技术骨干、专业课教师开发编撰的“马铃薯生产加工丛书”，是我们在开展“马铃薯生产加工”专业建设和教学过程中结出的丰硕成果。丛书重点阐述了马铃薯从种植到加工、从产品到产业的基本原理和技术，系统介绍了马铃薯的起源、栽培、遗传育种、种薯繁育、组织培养、质量检测、贮藏保鲜、生产机械、病虫害防治、产品加工等内容，力求充实马铃薯生产加工的新知识、新技术、新工艺、新方法，以适应经济和社会发展的新需要。丛书的特色体现在：

一、丛书以马铃薯生产加工技术所覆盖的岗位群所必需的专业知识、职业能力为主线，知识点与技能点相辅相成、密切呼应形成一体，努力体现当前马铃薯生产加工领域的新理论、新技术、新管理模式，并与相应的工作岗位的国家职业资格标准和马铃薯生产加工技术规程接轨。

二、丛书编写格式适合教学实际，内容详简结合，图文并茂，具有较强的针对性，强调学生的创新精神、创新能力和解决实际问题能力的培养，较好地体现了高等职业教育的特点与要求。

三、丛书创造性地实行理论实训一体化，在理论够用的基础上，突出实用性，依托技能训练项目多、操作性强等特点，尽量选择源于生产一线的成功经验和鲜活案例，通过选择技能点传递信息，使学生在学习过程中受到启发。每个章节（项目）附有不同类型的思考与练习，便于学生巩固所学的知识，举一反三，活学活用。

该丛书的出版得到了马铃薯界有关专家、技术人员的指导和支持；编写过程中参考借鉴了国内外许多专家和学者编著的教材、著作以及相关的研究资料，在此一并表示衷心的感谢；同时向参加丛书编写而付出辛勤劳动的各位专家与教师致以诚挚的谢意！

张 策
2019年5月16日

前　言

本书是根据教育部《关于加强高职高专教育教材建设的若干意见》的文件精神，结合马铃薯生产加工专业人才培养目标与规格，按照我国马铃薯生产加工行业职业岗位的任职要求而编写的。在选材和编写中力求以培养实际应用能力为主旨，以强化技术能力为主线，以高职教学目标为基点，以理论知识必需、够用、管用、实用为纲领，做到基本概念解释清楚，基本理论简明扼要，贴近一线生产实践，注重培养学生的应用能力和创新精神。

本书的编写体现了知识实用性、内容新颖性、体系创新性。全书共分四个部分：第一部分讲述马铃薯的加工特性与贮藏特点，第二部分讲述九大类上百种以马铃薯为原料的食品加工技术，第三部分讲述马铃薯制糖技术，第四部分讲述马铃薯食品的质量控制。

本书的具体编写分工如下：乌兰察布职业学院赵玉娟编写概述、项目一的任务九、项目三的任务一、附录；乌兰察布职业学院郝伯为编写项目一的任务二、任务三；乌兰察布职业学院孟祥平编写项目一的任务八、项目二的任务三；乌兰察布职业学院李晓波编写项目一的任务一、任务六；乌兰察布市察右前旗黄旗海镇张一帆编写项目二的任务一；乌兰察布职业学院康俊编写项目二的任务二；乌兰察布职业学院刘海英编写项目一的任务十；乌兰察布职业学院许慧娇编写项目一的任务七；乌兰察布职业学院段伟伟编写项目一的任务五；乌兰察布职业学院陈建保编写项目一的任务四；乌兰察布职业学院张祚恬编写项目三的任务二；曲阜师范大学彭向永编写项目三的任务三；乌兰察布职业学院高文霞编写项目三的任务四。

本书不仅可作为高职高专马铃薯生产加工专业的教学用书，也可作为马铃薯行业培训及从业人员的参考用书。

由于编者水平有限，加之时间仓促，收集和组织的材料有限，书中难免存在不足之处，敬请同行专家和广大读者批评指正。

编　者

2019 年 5 月

目　　录

概　述

一、我国马铃薯的产地分布

马铃薯又名土豆、洋芋、山药蛋、地蛋、荷兰薯、爪哇薯等，是茄科茄属的一年生植物。马铃薯是一种营养丰富、粮菜兼具的大宗农产品。由于马铃薯耐土地瘠薄、生长周期短、生产投入少，且具有其他几种大宗农产品不具备的品质优势，因此当今世界有80%左右的国家种植马铃薯。有关统计资料显示，2016年世界马铃薯的种植总面积达0.2亿公顷，总产量达3亿多吨，排在玉米、小麦、水稻之后，居第四位。我国马铃薯的种植面积约550多万公顷，年产量9000多万吨，居世界第一位。

马铃薯在我国的分布极广，根据自然条件、耕作制度、栽培特点和品种类型的不同，可分为四个区域。

1. 北方一作区

北方一作区包括黑龙江省、吉林省和辽宁省的中北部，河北省、山西省北部，内蒙古自治区全区，陕西省北部，宁夏回族自治区全区，甘肃省、青海省东部以及新疆维吾尔自治区等。本区是我国马铃薯主要产区，约占全国马铃薯种植面积的50%，其中黑龙江、甘肃、内蒙古、青海等省、自治区是我国重要的马铃薯基地。本区栽培的马铃薯基本上是一年一熟，为春播秋收的夏作类型，一般为4月初至5月初播种，9月上旬至10月上旬收获；多为垄作栽培方式，但在干旱地区也有平播的；适宜的品种以中熟和晚熟品种为主，并要求休眠期长，耐贮藏，抗逆丰产。

2. 中原二作区

中原二作区包括辽宁、河北、山西、陕西四省的南部，湖南、湖北两省的东部和河南、山东、江苏、浙江、安徽、江西等省的部分地区，马铃薯在此区的种植分布比较分散。本区因夏季长、温度高，不利于马铃薯生长，为了躲过炎热的高温夏季，故进行春、秋二季栽培，一年栽培两季，春季以商品薯生产为主，秋季以种薯生产为主。近年来，秋季也有部分商品薯生产。此区的适宜品种以早熟和中熟品种为主。

3. 南方二作区

南方二作区包括广西、广东、福建、台湾等省、自治区。本区属海洋性气候，夏长冬暖，四季不分明。主要在稻作后，利用冬闲地栽培马铃薯。因其栽培季节多在冬、春二季，与中原春、秋二季不同，所以称为南方二作区。本区虽非马铃薯的重点产区，但因马铃薯生育期短，便于与许多作物间套复种，可利用冬闲地，抗灾性强，产量高、品质好，在供应市场蔬菜及外贸出口等方面均有重要意义；同时，收获后的菜叶可作为一季绿肥，对后作水稻有显著的增产作用，所以马铃薯在本地区也是颇受欢迎的作物。其主要品种类型为早熟或中熟品种，并要求具有抗晚疫病和青枯病的特性。

4. 西南一二季垂直分布区

西南一二季垂直分布区包括云南、贵州、四川、西藏、新疆天山以南地区及湖南、湖北两省的西部山区。本区多为山地和高原，区域广阔，地势复杂，海拔高度变化很大，形成了气候的垂直分布，使得农业生产也有相应变化，有“立体农业”之称，所以马铃薯在本区有一季作和二季作两种不同的栽作类型。在高寒山区，气温低，无霜期短，四季分明，夏季凉爽，云雾较多，雨量充沛，多为春种秋收，属一年一作，与北方一作区相同。在低山河谷或盆地，气温高，无霜期长，春早、夏长、冬暖，雨量多、湿度大，适于二季栽培，与中原或南方二作区相同。本区地域辽阔，马铃薯栽培面积占全国马铃薯总栽培面积的40%以上，是我国的主要产区之一。由于海拔高度、地形地貌、气候土壤等各种条件的复杂多变，因而栽培制度和品种类型也多种多样。

二、马铃薯块茎的形态和结构

1. 块茎的形态

马铃薯的商品部分是它的块茎。块茎形态随其品种的不同而异，主要有卵形、圆形、长筒形、椭圆形及其他不规则形状。一般每个马铃薯重50～200g，大的可达250g以上。块茎表面有芽眼和皮孔，越接近尖端，芽眼越密，在芽眼里贮存着休眠的幼芽。块茎的形状以及芽眼的深浅与多少是品种的重要标志。

2. 块茎的色泽

(1)皮色　块茎的皮色有白色、黄色、粉红色、红色以及紫色。块茎经日光照射时间过久时，皮色变绿，绿色的和生芽的块茎中含有较多的龙葵素(又称茄碱苷)。龙葵素是一种麻痹动物运动、呼吸系统，中枢神经的有毒物质，含量超过20mg/100g，食用后就会引起人、畜中毒，严重时会造成死亡。因此在收获贮存过程中，要尽量减少露光的机会，以免龙葵素含量增加。

(2)肉色　薯肉颜色一般为白色和黄色，有的有红色或紫色晕斑。黄色薯肉内含有较多的胡萝卜素。

块茎的皮色和肉色都是鉴别品种性状的重要依据。

3. 块茎的结构

从结构上看(图0-1)，马铃薯块茎是由表皮层、形成层环、外部果肉和内部果肉四部分组成。马铃薯的最外面一层是周皮，周皮细胞被木栓质所充实，具有高度的不透水性和不透气性，所以周皮具有保护块茎、防止水分散失、减少养分消耗、避免病菌侵入的作用。周皮内是薯肉，薯肉由外向里包括皮层、维管束环和髓部。皮层和髓部由薄壁细胞组成，里面充满着淀粉粒。皮层和髓部之间的维管束环是块茎的输导系统，也是含淀粉最多的地方。另外，髓部还含有较多的蛋白质和水分。

三、马铃薯块茎的化学组成和商品质量

1. 马铃薯块茎的化学组成

马铃薯块茎的化学组成一般为：水分含量63.2%～86.9%，淀粉含量8%～29%，蛋白质含量0.7%～4.6%，另外还含有丰富的铁、维生素等。

(1)淀粉和糖分　在马铃薯块茎中，维管束环附近的淀粉含量最多，从维管束环由外向内淀粉含量逐渐减少，皮层比外髓部多，块茎脐部比顶端多，顶端中心的淀粉含量极少。这种分布很有规律，而且与块茎的大小有关。马铃薯淀粉由直链淀粉和支链淀粉组成。支链

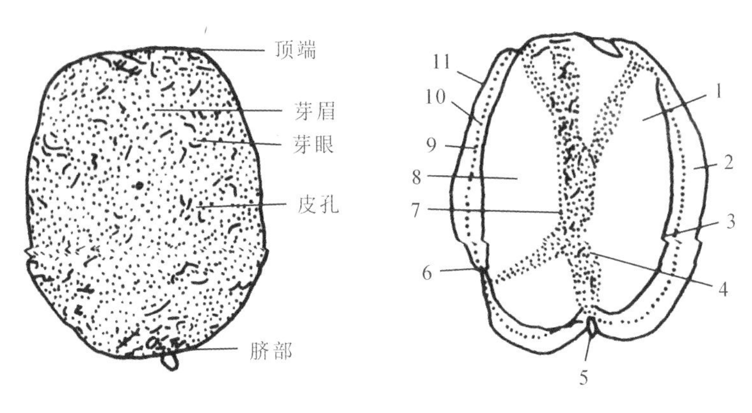

图 0-1　马铃薯块茎的结构

1—外部果肉；2—表皮层；3—形成层环；4—内部果肉；5—脐；6—芽眼

7—内髓；8—外髓；9—维管束环；10—皮层；11—周皮

淀粉占淀粉总量的 80%左右。马铃薯淀粉的灰分含量比禾谷类作物淀粉的灰分含量高 1～2 倍，且其灰分中平均有一半以上的磷，马铃薯干淀粉中五氧化二磷的含量平均为 0.15%，比禾谷类作物淀粉中磷的含量高出几倍。磷含量与淀粉黏度有关，含磷越多，黏度越大。糖分占马铃薯块茎总重量的 1.5%左右，主要为葡萄糖、果糖、蔗糖等。新收获的马铃薯块茎中含糖分少，经过一段时间的贮藏后糖分增多，尤其是在低温贮藏时对还原糖的积累特别有利。糖分多时可达鲜薯重的 7%，这是由于在低温条件下，块茎内部呼吸作用放出的二氧化碳大量溶解于细胞中，从而增加了细胞的酸度，促进了淀粉的分解，使还原糖增加。还原糖含量高，会使一些马铃薯加工制品的颜色加深。如马铃薯的贮存温度升高到 21～24℃，经过一周时间的贮藏后，大约有 80%的糖分可重新结合成淀粉，其余部分则被呼吸所消耗。

(2)含氮物　马铃薯块茎中的含氮物包括蛋白质和非蛋白质两部分，而以蛋白质为主，占含氮物的 40%～70%。马铃薯块茎中所含的蛋白质主要由盐溶性球蛋白和水溶性蛋白组成，其中球蛋白约占 2/3，这是全价蛋白质，几乎含有所有的必需氨基酸，包括天门冬氨酸、组氨酸、精氨酸、赖氨酸、酪氨酸、谷胱氨酸、亮氨酸、乙酰胆碱等氨基酸，其等电点的 pH 值为 4.4，变性温度为 60℃。淀粉含量低的块茎中含氮物多，不成熟的块茎中含氮物更多。马铃薯蛋白质的质量优于小麦蛋白质的质量，与动物蛋白质相近，易于消化，在营养上具有重要的意义。

(3)脂肪　在马铃薯块茎中，脂肪含量为 0.04%～0.94%，平均为 0.2%。马铃薯中的脂肪酸主要由甘油三酸酯、棕榈酸、豆蔻酸及少量的亚油酸和亚麻酸组成。

(4)有机酸　马铃薯块茎中有机酸的含量为 0.09%～0.3%，主要有柠檬酸、草酸、乳酸、苹果酸，其中主要是柠檬酸。

(5)维生素　马铃薯中含有多种维生素，它们主要分布在块茎的外层和顶部。目前在马铃薯中发现的维生素有维生素 A、维生素 B_1、维生素 B_2、维生素 B_5、维生素 B_6、维生素 PP 及维生素 C，其中以维生素 C 的含量为最多。

(6)酶类　马铃薯中含有淀粉酶、蛋白酶、氧化酶等。氧化酶有过氧化酶、细胞色素氧化酶、酪氨酸酶、葡萄糖氧化酶、抗坏血酸氧化酶等，这些酶主要分布在马铃薯能发芽的部位，并参与生化反应。马铃薯在空气中的褐变就是其氧化酶的作用。通常防止马铃薯变色的方法是破坏酶类或将其与氧隔绝。

(7)龙葵素(茄碱苷)　这是一种含氮糖苷,有剧毒。它由茄碱和三糖组成,纯品为白色发光的针形结晶体,微溶于冷、热乙醇,很难溶于水、醚、苯。龙葵素晶体的熔点为280～285℃。马铃薯的龙葵素含量在未成熟的块茎中较多,占鲜重的0.56%～1.08%。其含量以外皮最多,髓部最少。品种不同,其龙葵素含量也不同,每100g鲜薯中龙葵素的含量,高的可达20mg,低的只有2～10mg。如果每100g鲜薯中的龙葵素含量达到了20mg,食用后人体就会出现中毒症状。

(8)灰分　马铃薯块茎中的灰分占干物质重量的2.12%～7.48%,平均为4.38%。其中钾最多,约占灰分总量的2/3;磷次之,约占灰分总量的1/10。马铃薯块茎中的其他无机元素有钙、镁、硫、氯、硅、钠及铁等。其中钙和镁的含量比较固定,且互为消长,钙多则镁少,或者相反。磷和氯的含量相似。马铃薯的灰分呈碱性,对平衡食物的酸碱度具有显著的作用。

2. 马铃薯块茎的商品质量

(1)化学成分　马铃薯根据其淀粉、蛋白质的含量和经济价值可分两种:

食用型马铃薯:蛋白质含量较高,适用于加工食品。

工业型马铃薯:富含淀粉,适用于加工淀粉。

淀粉含量是区分食用型与工业型的主要依据。工业型的淀粉含量,国外品种一般为22%～24%,新品种甚至高达28%,国内品种一般为12%～20%。

马铃薯中含有酪氨酸酶,酪氨酸酶接触空气中的氧,就能使酪氨酸和其他物质发生作用,生成有色物质,使薯汁呈红色。若有铁离子存在,酪氨酸则被氧化成黑色颗粒状物质,影响淀粉的色泽。如果在制作淀粉时使用二氧化硫水清洗,可以防止这种作用发生。

(2)质量要求　一般来说,生产淀粉要用淀粉含量较高的马铃薯作原料,生产马铃薯食品要用蛋白质含量较高的马铃薯作原料。

从块茎形状来说,中等大小的块茎(50～100g)淀粉含量较多,大块茎(>100g)和小块茎(<50g)一般淀粉含量较少。

品质好的块茎,应具备皮薄、光滑、色泽鲜艳、芽眼浅而少、无破损、无冻害、无病虫害等特征。制作淀粉时,其薯肉最好呈白色或淡黄色,干物质含量以不少于21%为佳;表皮过厚和芽眼深的块茎会给清洗、去皮等操作带来困难。受到病虫害或冻害都会引起肉质部分变质和腐烂,用于加工淀粉和食品时不仅损耗量大,而且会影响到产品的质量。

四、马铃薯的营养与经济价值

马铃薯是珍贵的食物,既是菜又是粮,营养丰富,素有“能源植物”“地下苹果”“第二面包”等多种美誉。从其化学组成(表0-1和表0-2)中可以看出,它的块茎中含有丰富的淀粉和对人体极为重要的营养物质,如蛋白质、糖类、矿物质、盐和多种维生素等。马铃薯中除脂肪含量较少外,其他物质(如蛋白质、碳水化合物、铁和维生素)的含量均显著高于小麦、水稻和玉米。每100g新鲜马铃薯块茎能产生356J的热量,如以2.5kg马铃薯块茎折合500g粮食计算,它的发热量高于所有的禾谷类作物的发热量。马铃薯的蛋白质是完全蛋白质,含有人体必需的8种氨基酸,其中赖氨酸的含量较高,每100g马铃薯中赖氨酸的含量达93mg,色氨酸的含量也达32mg,这两种氨基酸是其他粮食作物所缺乏的。马铃薯淀粉易为人体所吸收,其维生素的含量与蔬菜中维生素的含量相当,胡萝卜素和抗坏血酸的含量丰富,在每100g马铃薯中胡萝卜素和抗坏血酸的含量分别为40mg和20mg。美国农业部研究中心的341号研究报告指出:"作为食品,全脂奶粉和马铃薯两样便可以提供人体所需的一切营养素。"其被营养学家认为是"21世纪的健康食品"。而德国专家指出,马铃薯为低热量、高蛋白,含多种维生素和矿物质元素的食品,每天进食150g马铃薯,可摄入人体所需的20%的维生素C、25%的钾、15%的镁,而不必担心人的体重会增加。

表0-1　马铃薯及其制品的常规营养成分(每100g含量)

名　　称	水分(g)	热量(kJ)	蛋白质(g)	脂肪(g)	碳水化合物(g)	粗纤维(%)
生马铃薯	79.8	318.20	2.1	0.1	17.1	0.5
烤马铃薯	75.1	389.37	2.6	0.1	21.1	0.6
煮马铃薯	79.1	318.20	2.1	0.1	17.1	0.5
牛奶马铃薯泥	82.9	272.14	2.1	0.7	13.0	0.4
马铃薯片	1.8	2 378.10	5.3	39.8	50.0	1.6

表0-2　马铃薯及其制品的常规营养元素及维生素(每100g含量)

名　　称	钙(mg)	磷(mg)	镁(mg)	钾(mg)	铁(mg)	维生素A(国际单位)	维生素B_1(mg)	维生素B_2(mg)	维生素B_6(mg)	维生素C(mg)
生马铃薯	7.0	53.0	14.0	407.0	0.60	40.0	0.100	0.04	0.25	20.00
烤马铃薯	9.0	65.0	28.8	503.0	0.70	—	0.100	0.04	—	20.00
煮马铃薯	7.0	53.0	—	407.0	0.60	—	0.100	0.04	—	20.00
牛奶马铃薯泥	24.0	49.0	—	261.0	0.40	20.0	0.080	0.05	—	10.00
马铃薯片	40.0	139.0	48.0	1 130.0	1.8	—	0.21	0.07	0.18	16.00

马铃薯不但营养价值高,而且有较为广泛的药用价值。我国传统医学认为,马铃薯有和胃、健脾、益气的功效,可以预防和治疗胃溃疡、十二指肠溃疡、慢性胃炎、习惯性便秘和皮肤湿疹等疾病,还有解毒、消炎之功效。

马铃薯在工业生产中具有广泛的用途,可以制作各类食品和淀粉糖,是食品和制糖业的重要原料,也是生产酒精、食醋、淀粉衍生物、葡萄糖酸内脂等产品的原料。另外,它还是纺织、印染、电工、饲料、铸造、油田勘探、造纸、医药、化工等十几个部门的重要原料,具有很高的加工应用价值与经济价值,是有广阔而深远开发前景的资源。

五、马铃薯的贮藏

(一)马铃薯贮藏期间营养成分的变化

1. 糖

各种马铃薯块茎的还原糖含量在收获后第一次测定时一般为最低,其后发生变化。经过一段时间的室温下回暖,大部分品种表现为块茎还原糖含量较刚从贮藏窖中取出的块茎还原糖含量低。在低温条件下形成的糖的量取决于栽培品种、成熟度、预处理和贮藏温度。马铃薯贮藏在1.1～2.2℃时,还原糖量会大量增加。在低温贮藏下,二氧化碳的增加能减少糖的积累;在 0℃条件下,马铃薯在氮气中贮藏能完全抑制糖的积累;辐射会增加糖的积累。用于生产油炸薯片的马铃薯,在低温贮藏后,需要在 15～26℃、相对湿度 75％～90％的条件下进行升温贮藏,以降低淀粉磷酸化酶的活性,增加淀粉合成酶的活性,使糖转化为淀粉,提高块茎的淀粉含量,降低还原糖含量。

2. 淀粉

马铃薯块茎的淀粉含量在收获时最高,随着贮藏时间的延长,不同品种马铃薯块茎的淀粉含量均呈下降趋势。随着贮藏温度的降低,淀粉的含量也随之减少。在高温(大约 10℃)条件下,由于糖转化为淀粉,淀粉的含量提高。马铃薯在 1.1～13.3℃下贮藏 2～3 个月,淀粉损失量高达 30％。马铃薯淀粉降解为糖是由于磷酸化酶催化的水解反应,在高温下的相反过程是由于淀粉合成酶催化的合成反应。

3. 蛋白质

马铃薯中的蛋白质含量较低,占鲜薯重的 1.5％～2.5％。贮藏条件尤其是温度条件会影响蛋白质的含量。在室温下贮藏的马铃薯,与在 0℃、4.4℃、10℃下贮藏相比较,含有较高的氨基酸。有报道指出:贮藏马铃薯总氮的变化非常小,但是单氮的构成发生了变化。国外的学者研究发现,马铃薯在 2℃和 10℃的条件下贮藏,随着贮藏时间的延长,总氮含量变化很小,但蛋白氮量减少;在贮藏末期,游离氨基酸含量较高。而当马铃薯经冷藏后重新回到高温下贮藏,所有的游离氨基酸量都增加,这是在高温处理的后期,马铃薯由于发芽而使蛋白质发生代谢降解的结果。

4. 维生素

在贮藏期间维生素 C 发生损失。随着贮藏时间的延长,马铃薯各品种维生素 C 的含量均逐渐降低,降低幅度为 41.7％～65.6％。维生素 C 的含量与贮藏期呈极显著负相关,贮藏 6 个月后,维生素 C 的损失率平均达 54.7％。维生素 C 的损失大部分发生在贮藏前期。传统贮藏方式比低温贮藏方式维生素 C 的损失少。国外研究发现,在辐射期间和辐射后,维生素 C 的含量是稳定的。在贮藏期间,B 族维生素(如叶酸)也有损失;然而也有报道指出,在贮藏期间维生素 B_2 增加。

5. 脂类

在马铃薯块茎中,脂肪集中分布在块茎的周皮中,在维管束环处很少,而在髓的薄壁组织中更少。研究表明,马铃薯的脂肪含有 10 种脂肪酸,其中的油酸、亚油酸和亚麻油酸等不饱和脂肪酸约占其全部脂肪酸的一半以上;饱和脂肪酸主要是棕榈酸和硬脂酸。

在贮藏期间,马铃薯块茎继续进行脂肪的生物合成。有人对 6 个马铃薯品种做过测定,从当年的 11 月份到下一年的 3 月份,在 5 个月的贮藏过程中,薯块中脂类的总含量增加了 25％～30％。所增加的脂肪酸主要有不饱和的亚麻酸,而棕榈酸和硬脂酸等饱和脂肪酸的含量则有所减少。

在马铃薯块茎的脂类中,萜烯类化合物具有很重要的生理作用。这类化合物是由几个甲基丁二烯分子组成的,根据其分子中碳原子的数目可分为单萜烯(C_{10})、倍半萜烯(C_{15})、双萜烯(C_{20})、三萜烯(C_{30})、四萜烯(C_{40})、多萜烯(C_{40}以上)。

马铃薯的倍半萜烯的主要代表是脱落酸,它是生理活性很强的内生性生长抑制剂,块茎在贮藏期间能处于休眠状态,在很大程度上与块茎含有脱落酸有关。脱落酸还是马铃薯的植物杀菌素,它使薯块对病原性微生物有一定的抵抗力。赤霉素属于双萜烯类,赤霉素和脱

落酸恰恰相反，它是生理活性很强的内生性生长物质，具有加强细胞分裂活动的作用。块茎发芽与分生组织中的赤酶酸生物合成有关。

三十碳六烯是马铃薯三萜烯最重要的代表，它是许多其他三萜烯类以及甾族化合物的前体；甾醇、甾生物碱、皂角甙类和强心甙都是甾族化合物。甾醇在马铃薯块茎中，每克鲜组织约含 20mg 甾醇，其中，胆固醇约占 9%，豆甾醇约占 32%。

马铃薯素和类马铃薯素都是甾族的糖生物碱，主要分布在块茎的周皮组织中，保护薯肉的薄壁组织不受病原菌的侵染。在块茎的皮层里，每克鲜组织含马铃薯素和类马铃薯素 205～350μg，而在薯肉中只有痕迹量。未成熟的薯块含甾体生物碱比成熟的薯块多。在块茎的贮藏过程中，甾体生物碱的含量在芽眼处不断增加，在光下贮存时，增加得更多。例如，在光下贮存马铃薯 4 个月之后，每克鲜组织马铃薯素的含量由 6.4μg 增加到 23.6μg。食用马铃薯时应注意，每克鲜组织马铃薯素含量超过 20μg 的薯块能引起中毒。

6. 有机酸和无机盐

马铃薯块茎中有各种有机酸，其中，柠檬酸的含量最多，约占干物重的 0.79%；其次是苹果酸，约占干物重的 0.45%。琥珀酸、草酰乙酸和其他有机酸类含量虽然很少，却常有重要的生理功能。对马铃薯块茎所含有机酸在贮藏期间变化的研究甚少。马铃薯块茎中无机盐的平均含量约为 1%，其中每百克干物质含钾 568μg，含钙 10μg，含磷 58μg，含钠 28μg，含铁 1μg。在这些无机盐中，磷酸和部分磷酸盐的作用尤为重要。

（二）马铃薯的贮藏损失

马铃薯的贮藏损失包括重量损失和品质损失。重量和品质两方面的损失是由物理、生理和病理影响造成的。物理因素包括两方面，即土壤条件和温度条件。生理因素主要是高温影响和低温影响。病理因素可分为两类，即在收获前和收获时或收获后等侵染造成的。

马铃薯在贮藏期间块茎重量的自然损耗是不大的，伤热、受冻、腐烂所造成的损失是最主要的。因此要采用科学的管理方法，最大限度地减少贮藏期间的损失。总的来讲，较低的温度对马铃薯的贮藏是有利的。马铃薯最适宜的贮藏温度为 1～3℃，最高不宜超过 5℃；最适宜的空气相对湿度为 80%～85%。一般在适宜的温湿度条件下贮藏，可以安全贮藏 6～7 个月，甚至更长的时间。安全贮藏必须做到以下几点：

第一，根据贮藏期间的生理变化和气候变化，应两头防热，中间防寒，控制贮藏窖的温湿度。具体做法是：入窖初期打开窖门和通气孔，当气温降到 −5℃ 左右时关闭窖门，只开通气孔；当气温降到 −10℃ 左右时，应关闭通气孔；气温升高后，不可随便打开窖门和通气孔，以防热空气进入，只可短时间通风换气。

第二，收获、运输和贮藏过程中，要尽量减少转运次数，避免机械损伤，以减少块茎损耗和腐烂。

第三，入窖前要严格挑选薯块，凡是损伤、受冻、虫蛀、感病等薯块不能入窖，以免感染病菌（干腐病和湿腐病）和烂薯。入选的薯块应先放在阴凉通风的地方摊晾几天，然后再入窖贮藏。

第四，贮藏窖要具备防水、防冻、通风等条件，以利于安全贮藏。窖址应选择地势高、排水良好、地下水位低、向阳背风的地方。

第五，食用薯块必须在无光条件下贮藏；否则，见光后龙葵素含量增加，食味变麻，降低食用品质。种用薯块在散光或无光条件下贮藏均可，不会影响种用价值。

贮藏期间，马铃薯所含淀粉与糖能相互转化。这些转化受温度的制约。在低温时，块茎中的糖分逐渐增加。这是因为呼吸作用转慢，糖作为基质在呼吸时的氧化比组织内淀粉水解的速度慢得多，所以形成的糖未被消耗而积累在组织中。相反，在高温下糖分又合成为淀粉，呼吸所消耗的糖也相对增加，因此糖分含量不断减少。

1. 损失程度

马铃薯和其他作物一样，会因收获和处理期间的继续代谢和损伤、腐烂、皱缩及发芽而遭受采后损失。在多米尼加曾发生过在 15 天内马铃薯的总损失达 30%的情况。相反，在美国由于采用调控温度和湿度等的贮藏系统，贮藏 11 个月后总损失低于 13%(包括失重)。在贮藏中，未成熟块茎由于脱水造成的失重高于成熟块茎。马铃薯采后损失估计在 5%～40%。根据联合国粮农组织(FAO)的报告，马铃薯在冷藏中的损失大约是 8%，而在田间的损失达到 20%～40%。马铃薯在 15℃、相对湿度 90%～95%下贮藏 2 周后，再在 6℃下贮藏 2 周以上，最后在 2℃、4℃、6℃、8℃下贮藏 6 个月或堆藏，由于呼吸和蒸腾造成的失重是初始质量的 7.2%～18.3%，在 2～4℃的损失小于在 6～8℃时的损失。在 2～4℃时由于病害造成的损失较低，不同品种的变化范围为 0.3%～3.5%。大堆贮藏时，干物质的损失在 2℃时从 1.3%提高到 2.3%，在 8℃时从 2.0%提高到 3.0%。在 2℃下贮藏 7 个月后，还原糖的含量由刚采收时(占鲜重)的 0.42%～0.63%提高到 1.10%～1.87%；但在较高温度下贮藏时，还原糖的增加量很小。

2. 损伤原因

(1)内部黑斑　从收获到市场销售、贮藏、加工等的一系列运输过程中，块茎遭到碰撞，造成皮下组织损伤，在冲击损伤后的 1～3 天，马铃薯内部便出现黑斑，损伤部位变成黑褐色，表皮并没有受损的迹象。变黑的程度与温度有密切关系，一般在低于 10℃的条件下容易发生。受碰撞损伤部位的细胞由于氧化产生黑色素，使组织部分变黑。黑色素是由酚类物质氧化产生的，酪氨酸和绿原酸在酚酶的催化作用下发生氧化反应，在反应过程中，氧化物质的颜色由褐色至红色，最后变为黑色。有试验证明，由冲击损伤引起黑斑的程度与马铃薯的品种无关，而且损伤后在自然条件下放置 3 天与损伤块茎在一定压力的氧气下快速反应 2 小时，所产生黑斑的程度基本上一样，这说明块茎内黑斑形成的时间与氧气量有关。

(2)机械伤　马铃薯在收获和运输期间，由于擦伤、切伤、跌落、刺破和敲打都易于造成机械伤。马铃薯机械伤刺激马铃薯中糖苷生物碱的合成。糖苷生物碱的合成程度依赖于品种、机械伤的类型、贮藏温度和时间。根据国外学者的研究，收获期的物理损伤是以后贮藏期间损失的主要原因，因为它促进了真菌感染，刺激了生理衰败与水分损失。

(3)变青　变青是马铃薯存在的严重问题，不仅仅因为其对市场品质的不利影响。马铃薯变青往往伴随着糖苷生物碱的生成，当糖苷生物碱浓度是正常马铃薯的 5～10 倍，即 15～20μg/100g 时，在烹调时会产生异味。马铃薯变青受品种、成熟度、温度和光照的影响。

(4)发芽　马铃薯贮藏在较高的温度下会发芽，导致明显的损失。发芽的马铃薯不适用于加工和家庭消费。贮藏中马铃薯发芽的温度是 10～20℃，低于 5℃时发芽很慢。在 5～20℃，随着温度的升高，发芽速度加快，20℃后发芽速度反而降低。马铃薯在 10℃下贮藏将导致糖含量的增加，会使加工产品的颜色加深。在发芽期间块茎中维生素 C 的含量发生了变化。在发芽初期，随着温度的升高和其他物质的减少，维生素 C 的含量降低。贮藏 8 个月后，芽中维生素 C 的含量高于块茎。

(5)黑心　在贮藏期间，缺少通风或氧气是马铃薯黑心病发生的根本原因。它是以黑灰色、略带紫色或黑色的内部污点为特征的。控制黑心的方法是：马铃薯的贮藏温度不要过高或过低；若密闭贮存，应进行强制通风。

(6)空心　空心与马铃薯块茎体积增长过快有关，大块茎的马铃薯常有此病发生。

(7)冷害　为了延长贮藏时间，常将马铃薯置于低温(0～1.1℃)下贮藏，在此温度下大多数马铃薯都易遭受冷害。块茎中的微红或大斑点是冷害的主要症状。根据马铃薯总固形物含量的不同，冰点的变化在－2.1～－0.06℃之间，遭受冷害的块茎在解冻时迅速崩溃，变得柔软和水化。

(8)热伤(烫伤)　热伤是由于马铃薯在贮运期间或在包装时经受高温造成的，它与阳光直射有关。任何能使表面组织升高到48.9℃或更高温度的因素都能产生热伤。

(9)出汗　贮藏中的马铃薯常会出汗(或称结露)，即块茎外表面出现微小的水滴，这种现象的发生主要是块茎与贮藏环境的温差造成的。如果块茎表层温度降低到露点以下，发生结露现象，就说明贮藏措施不当，应及时处理，否则，块茎可能发芽、染病甚至腐烂。防止出汗的办法是保持贮藏温度稳定，避免贮藏温度忽高忽低，在马铃薯堆上覆盖吸湿性的材料并经常更换。

3. 如何控制马铃薯在整理和贮藏期间的损失

(1)收获、整理和成熟　马铃薯要在干燥、凉爽的天气收获，在收获时尽可能减少擦伤。收获商业种植的马铃薯，采用马铃薯挖掘机或各种形式的结合，铲、耙是人工收获的最佳工具。机械收获马铃薯，用运输带来收集马铃薯。采后的马铃薯要尽快收集起来，避免风吹和阳光暴晒，防止日光灼伤和类似的伤害。收获后要进行晾晒，及时除去田间热和呼吸热，散发部分水分，促进伤口的愈合。粗心大意将增加马铃薯的贮藏损失，降低其等级和市场价值。

(2)愈伤　愈伤是马铃薯在采后贮藏期间，降低失水和腐烂的一种最简单有效的方法。伤害和擦伤的马铃薯表层能够愈合并形成较厚的外皮。在愈伤期间，伤口由于形成新的木栓层而愈合，防止病菌微生物的感染和降低损失。在愈伤期间会发生一些失水。在愈伤和贮藏前，除去腐烂的马铃薯，可保证贮藏后的产品质量。愈伤可防止马铃薯被微生物感染，而有效地降低采后损失。马铃薯的愈伤是在8～20℃、相对湿度85%的条件下进行的。

(3)室内堆藏　室内堆藏方法简单易行，但难以控制发芽，如配合药物和辐射处理可改善贮藏效果。也可用覆盖避光的办法抑制发芽，此法对雨季收获的马铃薯较为理想。该法在气候比较寒冷的地区实行也比较理想。如果进行大规模的贮藏，可选择通风良好、场地干燥的仓库，用福尔马林和高锰酸钾混合后进行熏蒸消毒，然后将经过挑选和预处理的马铃薯堆放好，四周用木板等围好。

(4)窖藏　马铃薯入窖后一般不移动。若窖温较高，贮藏时间较长，可酌情倒动一两次。为防止马铃薯在窖藏时薯块表面出汗，可在薯堆表面铺放草帘，转移出汗层，防止发芽和腐烂。

西北地区可用井窖或窑窖贮藏马铃薯，东北地区可用棚窖贮藏马铃薯。窖藏时应做好以下几项工作：第一，在采收、运输和入窖时要尽量避免机械损伤；第二，入窖前，应对薯块进行严格挑选，适当晾晒；第三，窖内进行消毒灭菌，入窖前晾窖1周左右，以降低窖温和消除消毒药物的气味；第四，窖内薯块不能装得太满，以便通风散热和检查；第五，贮藏期间加强通风管理，尽可能保持贮藏的适宜温度（2～4℃）和湿度（90％）；第六，对薯块进行检查，及时消除病薯、烂薯，防止造成病害蔓延，造成烂窖。

（5）通风库贮藏　用通风库贮藏马铃薯，要求薯堆高不超过 2m，可在堆内放置通风塔，也可在库内设专用木条柜装薯块，通风库贮藏一定要搞好前期降温和中后期的保温工作。在贮藏初期，从入库到 11 月底，块茎正处于准备休眠状态，呼吸旺盛，放出热量多，这一阶段的管理工作应以降温散热、通风换气为主。在贮藏中期，12 月份至翌年 2 月份正是严寒之季，块茎已进入休眠期，库内热量很少，易受冻害。在立春前后，气温虽有回升，但地温仍在继续下降，库温低而不稳定，此时最易发生冻害，这一阶段要定期检查库温，密闭库口和气孔，必要时在薯堆上盖一层草袋防潮御寒。到贮藏末期，3—4 月份，大地回春，块茎已度过休眠期，库温回升较快，此时马铃薯块茎上的气孔白天关闭，夜间打开，因此，白天须打开通气孔和库门。

（6）低温贮藏　为防止马铃薯过度皱缩和腐烂，第一周马铃薯先贮藏在 10.0～15.6℃和相对湿度 85％～95％的条件下，允许有木栓作用和伤口外皮的形成。在愈伤后，贮藏温度降低到 3.3～4.4℃以防止发芽。如果贮藏温度控制在 4.4℃，绝大多数品种的马铃薯都能贮藏 6 个月或更长时间，而不会发芽。用于油炸薯片的马铃薯贮藏的最佳条件是 10.0～12.8℃和相对湿度 90％。在贮藏温度 0～1.1℃、相对湿度 85％的条件下，马铃薯可贮藏 34 周。

（7）气调（CA）贮藏　用于家庭消费的马铃薯不适宜用气调贮藏。在中等温度（15～20℃）下，一周时间内，5％或更低浓度的氧气限制马铃薯外皮的形成和伤口的愈合，1％或更低浓度的氧气将使马铃薯产生异味，并增加腐烂率，促使表面霉菌的生长和黑心病的发生。在 4.4℃条件下，高浓度二氧化碳（10％或更高）会造成腐烂率的增大。高温会加剧低氧的影响，氧气浓度在 10％或更低情况下，贮藏的马铃薯发芽严重，12％二氧化碳和低氧条件会导致种薯贮藏的全部失败。高浓度二氧化碳（8％或更高）、低浓度氧气（5％或更低）和低温（0℃）三者结合将产生最严重的负面影响。10～15.6℃的温度条件和高浓度二氧化碳（15％～20％）可防止包装马铃薯变青，低浓度二氧化碳（10％）和低温（4.4℃）增加软腐病的发生概率。因此，对马铃薯来说，气调贮藏一点也没有显示出其优势。

（8）化学药剂　一些化学药剂能在高温贮藏期间有效抑制马铃薯发芽。在 10～20℃、相对湿度 34％～70％的范围内，使用 IPC（异丙基-N-苯基氨基酸甲酯）和 CIPC（氯丙基-苯基氨基酸甲酯）混合药剂，在 8 个月贮藏期内，可有效地抑制发芽和降低失重。广泛使用的抑制剂是 CIPC，其他抑制剂有马来酰肼、壬醇、萘乙酸甲酯（MENA）、2，3，4，6-四氯硝基苯（TCNB）。TCNB 虽然是最弱的抑制剂，但是它的优点是不抑制愈伤过程中的木栓化，可以在种薯中使用。CIPC 是强抑制剂，是马铃薯贮藏中应用最广泛的发芽抑制剂，它能以粉末、水滴、雾气、烟雾剂形式应用。因为 CIPC 干扰外皮的形成，它仅能在愈伤后使用。

（三）贮藏对马铃薯加工品质的影响

马铃薯在生长和贮藏阶段，一些营养成分（如蔗糖、还原糖、干物质、维生素 C、蛋白质、非蛋白氮等）都会发生变化，这些成分的含量影响马铃薯加工产品的质量、品质和产率。此外，马铃薯品种、生长季节、栽培时间、土壤条件（pH 值）、土壤湿度、土壤中矿物质的含量、耕作和杂草控制、病虫害控制、生长期间的温度、杀蔓的方法、收获时间、擦伤程度和其他的机械损伤以及进入贮藏时的块茎温度、贮藏温度、相对湿度和通风、贮藏时间等，对马铃薯还原糖的含量特别是加工品质都有显著影响。

马铃薯最适宜的贮藏条件依栽培品种、贮藏期限、块茎成熟度和其他的预贮因素而定。马铃薯在贮藏过程中发生如下变化：

(1)呼吸，消耗糖，转化为二氧化碳、水和能量。

(2)在淀粉分解酶的作用下，淀粉转化为糖。

(3)在淀粉合成酶的作用下，糖转化为淀粉。

在低温贮藏过程中，淀粉酶水解淀粉，马铃薯中的淀粉含量降低。马铃薯在1～3℃下贮藏3个月，淀粉损失率高达30%。相反，在高温下贮藏，淀粉合成酶将葡萄糖转化为淀粉，淀粉含量增加。这种从低温到高温淀粉和糖之间的相互转换，使淀粉颗粒的结构发生了显著变化，进而影响到加工产品的品质。

以油炸马铃薯片为例，根据对薯片颜色、干物质、蔗糖、还原糖、蛋白质和贮藏温度等数据的综合分析，以新鲜马铃薯为原料加工油炸薯片，鲜薯中干物质、还原糖和蔗糖含量是决定油炸薯片色泽、质地和产量的主要因素。对大量试验获得的数据进行分析，糖含量与薯片颜色间有显著的正相关关系，糖含量高使薯片的颜色变黑，提高干物质的含量，可加工出理想颜色的马铃薯片。若以贮藏马铃薯为原料加工油炸薯片，马铃薯中还原糖、蔗糖的含量和贮藏温度成为决定油炸薯片品质和色泽的重要因素。无论是刚采收的还是贮藏的马铃薯，糖和干物质含量都是影响薯片颜色的关键因素。

项目一　常用马铃薯食品加工技术

知识目标

1. 了解马铃薯食品加工的原料选择。
2. 了解马铃薯的清洗工艺及设备。
3. 了解马铃薯的去皮工艺及设备。
4. 掌握马铃薯薯肉的护色方法。
5. 掌握各种类型的干燥设备的原理。
6. 了解膨化方法及种类。
7. 了解各种马铃薯的加工工艺及操作要点。
8. 了解各种马铃薯粉制品的加工工艺及操作要点。
9. 了解各种马铃薯粉丝、粉条、粉皮的加工工艺及操作要点。

技能目标

1. 能够操作马铃薯食品加工的各种设备。
2. 能够掌握常用马铃薯食品的加工技术及加工工艺。

任务一　马铃薯食品加工常规工艺及设备

一、原料的选择及设备

用于食品加工的薯类原料首先应该严格去除发芽、发绿的马铃薯以及腐烂、病变薯块。如有发芽或变绿的情况，必须将发芽或变绿的部分削掉，或者完全剔除才能使用，以保证马铃薯制品的茄碱苷含量不超过0.02%，否则将危及人身安全。

加工脱水薯泥，油炸薯条、薯片等食品时，要求原料马铃薯的块茎形状整齐、大小均一、表皮薄、芽眼浅而少，淀粉和总固形物含量高，还原糖含量低(0.5%以下，一般为0.25%～0.3%)。还原糖含量过高，产品在干燥或油炸等高温处理时易发生非酶褐变。要减少原料的耗用量，降低成本，须选用相对密度大的原料。实验表明，生产油炸马铃薯片时，原料薯的相对密度每增加0.005，最终产量就增加1%。

马铃薯的相对密度随品种的不同差异很大。如果品种相同，而栽培方法和环境条件不同，相对密度也有很大差异。马铃薯的相对密度主要受下列因素影响：品种、土壤结构及其矿物质营养状况、土壤水分含量、栽培方法、杀菌控制、喷洒农药、打枝、生长期的气温及成熟程度等。一般选用薯块的相对密度为1.06～1.08，干物重以14%～15%为较好。这样的原

料可提高产量和降低吸油量。

（一）三辊筒式分级机

三辊筒式分级机主要用于球形或近似球形的果蔬原料，如马铃薯、苹果、柑橘、番茄、桃子等，按果蔬原料的直径大小进行分级。全机主要由辊筒1、驱动轮2、链轮3、出料输送带4、理料辊5等组成，如图1-1所示。

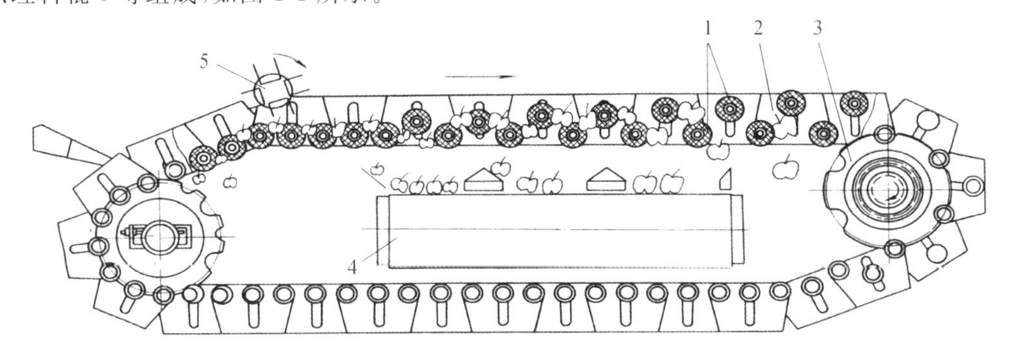

（a）

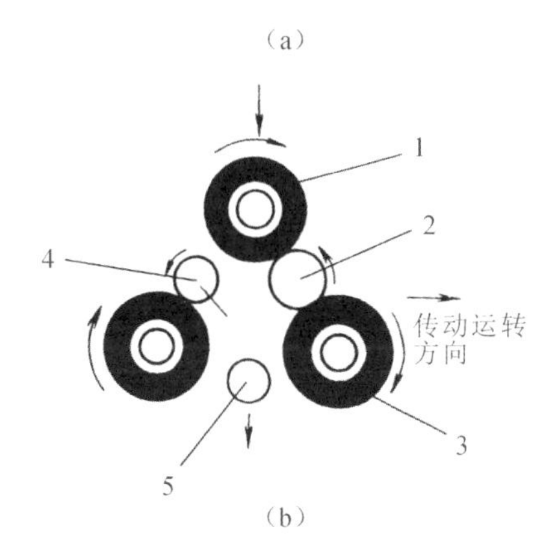

（b）

图1-1　辊筒输送带及辊筒工作原理

（a）辊筒输送带；（b）三只辊筒工作原理图

1—辊筒；2—驱动轮；3—链轮；4—出料输送带；5—理料辊

分级部分的结构是：一条由横截面带动梯形槽的辊筒组成的输送带，每两根轴线不动的辊筒之间设有一根可移动的升降辊筒，此升降辊筒带有同样的梯形槽。此三根辊筒形成棱形分级筛孔，物料就处于此分级筛之间。物料进入分级段后，直径小的即从此分级筛孔中落下，掉入集料斗中，其余的物料由理料辊排成整齐的单层，由输送带带动继续向前移动。在分级过程中，分级机开孔度的调整是通过调整升降辊筒的距离来获得的，这样可以使分级原料的规格有一定的改变范围。调整升降辊筒的机构由蜗轮、蜗杆、螺杆以及连杆组成。

为了减少在分级过程中物料的损伤，要求辊筒在运行中旋转。其方法是使辊筒在运行中借助其轴端安装的摩擦滚轮导轨滚动而旋转，滚筒在旋转中带动开孔中的物料也转动。

这种分级机的特点是分级范围大，分级效率高，物料损伤小。对于球形或近似球形的物料，可将其在直径50～100mm的范围内分为5个等级。

（二）光电分选机

1. 工作原理

利用紫外、可见、红外等光线和物体的相互作用而产生的吸收、反射和透射等现象对物料进行非接触式检测的方法是20世纪60年代开始用于农产品和食品质量检测的新方法。根据物料的吸收和反射光谱可鉴定物质的性质,例如利用紫外光作激励光源照射食品获得食品上的辐射荧光,根据荧光的强度可以判别食品上附着的微生物的代谢物,检出蛋品中霉菌、花生类干果上附着的微生物及其代谢物(如黄曲霉素)等。物料的吸收和反射光谱也可用于食品的异物检出,用可见光作激励光源,加上代替人眼的色彩传感器,测定对象物的反色光或透射光,可用于果品成熟度的判定,谷类种子、稻米、水果的分选等作业领域。

2. 特点

食品物料在种植、加工、贮藏、流通等过程中难免会出现缺陷,例如含有异种异色颗粒、变霉变质粒、机械损伤等,因而在工业生产中有必要对产品进行检测和分选。然而,常规手段无法对颜色变化进行有效分选。大多数依靠眼手配合的人工分选,其主要特点是:生产效率低、劳动力费用高、容易受主观因素的干扰、精确度低。

光电检测和分选技术克服了手工分选的特点,具有以下明显的优越性:

(1)既能检测表面品质,又能检测内部品质,而且检测为非接触性的,因而是非破坏性的,经过检测和分选的产品可以直接出售或进行后续工序的处理。

(2)排除了主观因素的影响,对产品进行全数(100%)检测,保证了分选的精确和可靠性。

(3)劳动强度低,自动化程度高,生产费用降低,便于实现在线检测。

(4)机械的适应能力强,通过调节背景光或比色板,即可以处理不同的物料,生产能力强,适应了日益发展的商品市场的需要和工厂化加工的要求。

二、清洗及清洗设备

食品原料在生长、运输、储藏过程中,会受到环境的污染,包括附着的尘埃、泥沙、微生物及其他污物的污染。因此,食品原料在加工前必须进行清洗,以清除这些污染物,保证产品的质量。

食品加工前,原料首先要充分清洗干净,并除去腐烂发霉部分。洗涤一般采用浸泡洗涤、鼓泡洗涤、喷水冲洗或化学溶液洗涤。采用鼓泡洗涤、喷水冲洗或化学溶液洗涤的方式,一般用0.5%～1.0%的稀酸溶液、0.5%～1.0%的稀碱溶液或0.1%～0.2%的洗涤剂处理后再用清水清洗,洗涤效果较佳。

1. 手工洗涤

这是薯类最简单的洗涤方法,适用于小型食品厂,即将薯类放在盛有清水的木桶、木盆(槽)或浅口盆中进行洗涤。桶、盆和槽的大小可根据生产能力和操作条件来决定。薯类的洗涤也可在洗涤池或大缸内进行,即用人工将薯类放在竹筐内,然后置于洗涤池或缸中用木棒搅拌,直至洗净为止。采用这种洗涤方法,应及时更换水和清洗缸底,应做到既节约用水又能将薯块洗净。薯类不论在任何容器中清洗,都应经常用木棒搅拌搓擦,一般换水2～3次即可洗净。最后再用清水淋洗一次。

2. 流水槽洗涤

在机械化薯类加工厂,一般采用流水输送的方法,将薯类由贮存处送入加工车间内,这样即可使薯类在进入洗涤机之前,在输送中就洗去80%左右的泥土。

流水槽由具有一定斜度的水槽和水泵等组成。流水槽横截面一般呈U形。它可以用

砖砌成，后加抹水泥，或用混凝土制成，也可用木材、硬聚乙烯板或钢板制成。用来输送马铃薯的流水槽的宽度一般为200～250mm，输送甘薯和木薯的槽宽应为400mm。槽的深度由贮存处至车间应逐渐加深，并保持一定的倾斜度。输送马铃薯的槽起始深度约为200mm，输送甘薯和木薯的起始槽深应大于500mm，以后槽长每增加1m，槽底加深10mm，转弯处每米槽长需加深15mm。为避免造成死角，转弯处的曲率半径应大于8m。流水槽内的流水用泵从一端送入，用水量为原料重的3～5倍，槽中操作水位为槽深的75%，水流速为1m/s。在输送过程中，由于相对密度的差异，大部分泥沙、石块可被除去。杂草可用除草器除去。在流水槽上架一横楔，下悬一排编好的铁钩，钩向逆流，被钩住的杂草用人工及时捞出。

流水槽尾端为一洼池，底部装铁栅，薯类留在铁栅上，然后送至清洗机洗涤。污水流过铁栅，由水沟排出，流入沉淀池中，经净化处理后，清水再循环使用。

3. 清洗机

常用的清洗机有鼠笼式清洗机和螺旋式清洗机两种。

鼠笼式清洗机的结构如图1-2所示。它由鼠笼式滚筒、传动部件和进料机壳三大部分组成。鼠笼是由扁钢条或圆钢条焊接而成，每两根钢条的间距为20～30mm，鼠笼长2～4m，直径为0.6～1m。滚筒内有螺旋导板，螺距为0.2～0.5m。

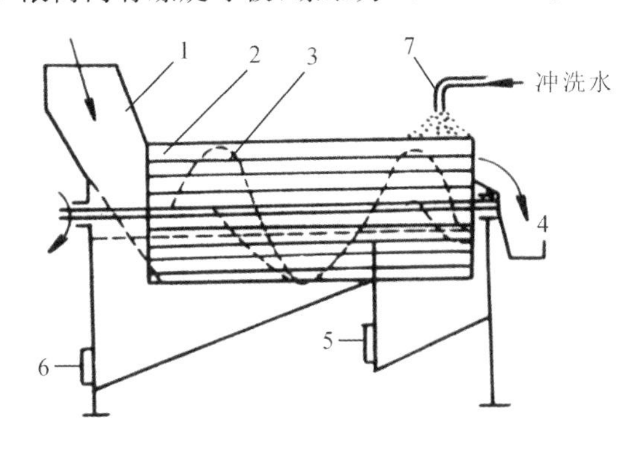

图1-2 鼠笼式清洗机结构示意图

1—加料口；2—滚筒；3—螺旋导板；4—出料口；5、6—排污口；7—喷头

工作时，鼠笼直径的1/3左右浸在水中，薯类由加料口送入鼠笼的一端。在机器转动时，浸泡在水中的薯块一方面沿轴向运动，另一方面作圆周运动，薯块间相互碰撞、摩擦，薯块与钢条相撞击，从而洗去泥沙和部分去皮。洗涤水由出料端上的喷头加入，泥沙沉淀从排污口排出。

螺旋式清洗机有两种形式，即水平式和倾斜式，如图1-3所示。水平式由一带漏斗排沙口的U形水槽和电机传动的螺旋刷组成，水槽的上面有一排喷水口，漏斗排沙口上是一带孔的筛板。物料由输送机一端进入，水槽中薯块相互碰撞与摩擦，同时与螺旋刷摩擦，薯块表面的泥沙被喷淋水冲洗而从另一端排出。倾斜式的清洗槽与螺旋叶片轴呈一夹角，物料与冲洗水成逆流方向相遇，将薯块清洗干净。

为了清洗彻底，常常将多种洗涤装置结合使用，一般将螺旋式清洗机放在最后，因为它兼有洗涤和输送两种功能。

洗涤质量取决于原料的污染程度、清洗机结构、薯块在清洗机中停留的时间、供水量及其他因素。一般洗涤时间为8～15min，洗后薯块的损伤率不大于5%，洗涤水中的淀粉含量

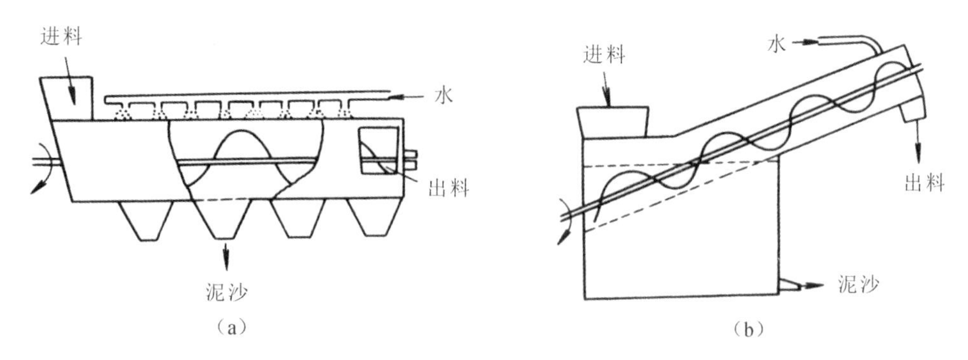

图 1-3　螺旋式清洗机结构示意图

(a)水平式;(b)倾斜式

小于 0.005%。

三、去皮工艺及设备

去皮的方法有手工去皮、机械去皮、碱液去皮、蒸汽去皮等。手工去皮一般是用不锈钢刀去皮,效率很低。

(一)机械去皮

利用涂有金刚砂、表面粗糙的转筒式滚轴,借摩擦的作用擦去皮。常用的设备是擦皮机,可以批量或连续生产,其主要结构如图 1-4 所示。

擦皮机具有铸铁机座 1 及工作圆筒 5,圆筒内表面是粗糙的。轴 3 带动圆盘 4 旋转,圆盘表面为波纹状。机座上的电动机 10 通过齿轮 2 及 9 带动轴 3 转动。物料从加料斗 6 装入机内。当物料落到旋转圆盘波纹状表面时,因离心力作用而被抛向两侧,并在那里与筒壁的粗糙表面摩擦,从而达到去皮的目的。擦下的皮用水从排污口 13 冲走。已去好皮的物料,利用本身的离心力作用,当舱口 12 打开时从舱口卸出。水通过喷嘴 7 送入圆筒内部,舱门在擦皮过程中用把手 11 封住,轴通过加油孔 8 加油润滑。此外,在装料和卸料时,电动机都在运转,因此卸料前必须停止注水,以免舱口打开后水从舱口溅出。

该设备具有坚固、使用方便和成本低等特点,其要求选用的薯块呈圆形或椭圆形,芽眼少而浅,没有损伤,大小均匀。芽眼深的薯块需要增加额外的手工修整。通过摩擦去皮大约会损失块茎重量的 10%。去皮后的薯块要求除尽外皮,保持去皮后外表光洁,防止去皮过度。

(二)碱液去皮

碱液去皮是将薯块放在一定浓度和温度的强碱溶液中处理一定时间,软化和松弛薯块的表皮和芽眼,然后用高压冷水喷射冷却和去皮。碱液去皮机的结构如图 1-5 所示。碱液去皮适宜的碱液浓度为 10%～15%,温度在 70℃以上。

(三)蒸汽去皮

蒸汽去皮是将薯块在蒸汽中进行短时间处理,使薯块的外皮生出水泡,然后用流水冲去外皮。蒸汽去皮能均匀地作用于整个薯块表面,大约能除去 5mm 厚的皮层。

目前,去皮的理想方法是蒸汽和碱液交替使用。马铃薯的收获与加工之间相隔时间愈久,去皮也就愈困难,损耗也愈大。在加工季节后期,当去皮比较困难时,除接受碱液处理外,还要经过短暂的高压蒸汽处理,继而快速释压,最后用冷水冲洗将皮除去,这样会使去皮

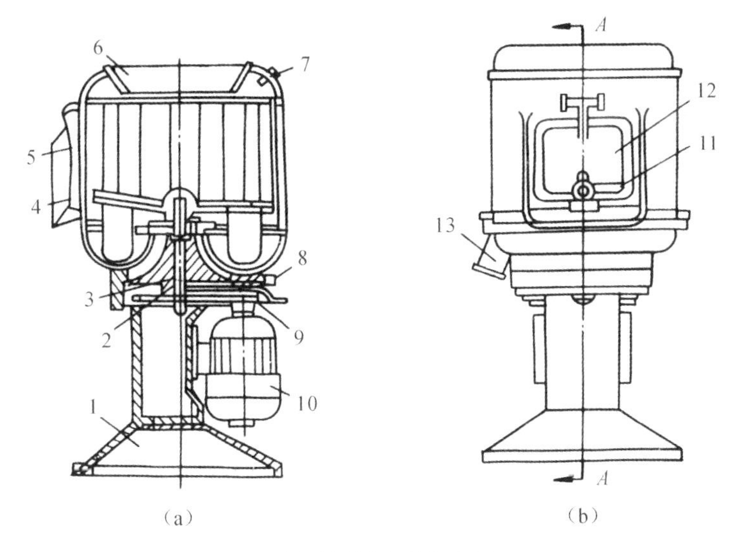

图 1-4　马铃薯擦皮机结构示意图

1—机座；2、9—齿轮；3—轴；4—圆盘；5—圆筒；6—加料斗；7—喷嘴；
8—加油孔；10—电动机；11—把手；12—舱口；13—排污口

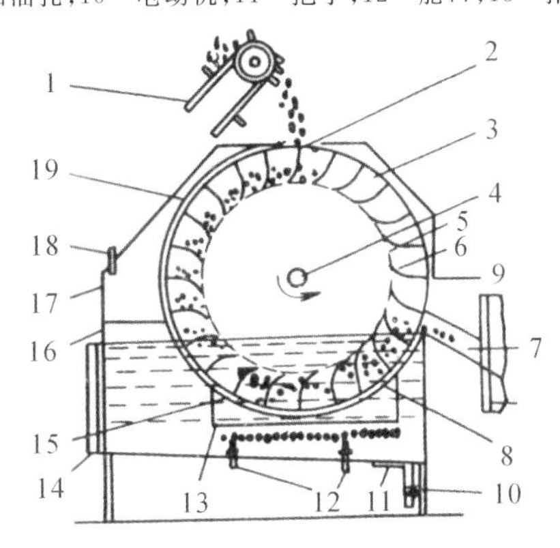

图 1-5　碱液去皮机纵剖面图

1—与洗薯机相连的升运机；2—马铃薯加料斗；3—带片状桨叶的旋转轮；4—主轴；
5—铁丝网转鼓；6—片状桨叶；7—卸料斜槽；8—复洗机；9—护板；10—碱液排出管；
11—排渣口；12—蒸汽蛇管；13—碱液加热槽；14—架子背面；15—护板；
16—碱液槽；17—罩；18—碱液加入管；19—主护板

更有效。

四、薯肉护色方法

马铃薯切片后若暴露在空气中，会发生褐变现象，影响半成品的色泽，成品颜色也深，影响外观，因此有必要进行护色漂白处理。发生褐变的原因是多方面的，如还原糖与氨基酸作用产生黑蛋白素、维生素 C 氧化变色、单宁氧化褐变等。

除了以上所述化学成分的影响外，马铃薯的品种、成熟度、贮藏温度以及其他因素引起的化学变化都能反映到马铃薯的色泽上。另外，加热温度、时间和方式都对薯类食品的颜色有影响。防止加工食品的色泽变化常用以下护色方法：

（一）提取出薯片褐变反应物

将马铃薯片浸没在(0.01～0.05)mol/L 的氯化钾、氨基硫酸钾和氯化镁等碱金属盐类和碱土金属盐类的热水溶液中；或把切好的鲜薯片浸入 0.25%氯化钾溶液中，3min 即可提取出足够的褐变反应物，使成品呈浅淡的颜色。

（二）用亚硫酸氢钠或焦亚硫酸钠处理

如将经切片的鲜薯片浸没在 82～93℃的 0.25%的亚硫酸氢钠溶液中(加 HCl 调至 pH＝2)煮沸 1min，也能制成色泽很好的产品。

（三）用二氧化硫气体处理

用二氧化硫气体和马铃薯在一起密闭 24h，在 5℃条件下贮藏，或是将切片放在二氧化硫溶液中浸提后，再用水洗掉二氧化硫及还原糖等，可生产出浅色制品。

（四）降低还原糖含量

马铃薯在贮藏期间会发生淀粉的降解、还原糖的积累。在马铃薯加工前，如将马铃薯的贮藏温度升高到 21～24℃，经过一个星期的贮藏后，大约有 4/5 的糖分可重新结合成淀粉，减少了加工淀粉时的原料损失以及加工食品时的非酶褐变的发生。

五、干燥工艺及设备

食品干燥方法很多，由于被干燥产品的形态、含水量、质量要求等不同，其干燥工艺及设备各不相同。干燥从能量的利用上可分为自然干燥和人工干燥。

自然干燥是利用自然的太阳能辐射热和常温空气干燥物料，俗称晒干、吹干和晾干。这种方法简便易行、成本低廉，但受自然条件限制，干燥时间长，损耗大，产品质量较差。这种方法可以用于薯块等原料的干燥。人工干燥是人工借助热能，通过介质(热空气或载热器件)以传导或对流或辐射的方式，作用于物料，使其中水分汽化并排出，达到干燥的要求。

（一）箱式干燥机

这种设备的加热方式有蒸汽加热、煤气加热和电加热，由箱体、加热器(电热管)、烤架、烤盘和风机等组成。箱体的周围设有保温层，内部装有干燥容器、整流板、风机与空气加热器。箱式干燥机根据热风的流动方向不同可分为平流箱式干燥机和穿流箱式干燥机。平流箱式干燥机的热风的流动方向与物料平行，从物料表面通过，箱内风速按干燥要求可在 0.5～3m/s 间选取，物料厚度为 20～50mm。图 1-6 为带小车的箱式干燥机，装在烘盘上的被干燥物料，先按一定顺序摆放在小车架上，然后推入干燥箱内进行干燥，给装卸物料带来了很大的方便。小车可以根据被干燥物的外形和干燥介质的循环方向设计成不同的结构和尺寸，小车的车轮可制成带凸缘的或平滑的。为了小车进出方便，可在箱底设导轨。

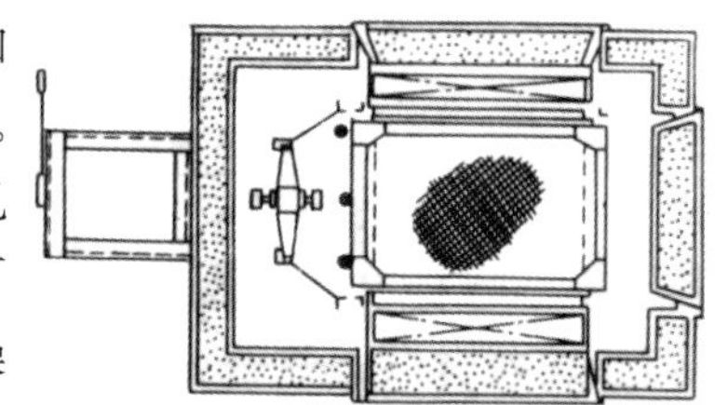
图 1-6　带小车的箱式干燥机

这类干燥器的废气均可进行再循环。该装置的特点是适于薯块、薯脯等多种物料的小批量生产。烤盘上的物料装载量及烤盘间距，应根据物料的不同作适当的调整。

（二）滚筒干燥机

这种干燥机是将料液分布在转动的、蒸汽加热的滚筒上，与热滚筒表面接触，料液的水分被蒸发，然后被刮刀刮下，经粉碎为产品的干燥设备。特点是热效率高，可达 70%～

80%,干燥速度快,产品干燥质量稳定。常压式滚筒干燥机常用于土豆泥、土豆粉等的干燥。

滚筒干燥机主要由滚筒、布膜装置、刮料装置和传动装置组成,如图 1-7 所示。滚筒的筒体、端盖和端轴可分别通过铸造而成,也可以通过焊接而成。蒸汽通过一端的空心轴进入滚筒内部,筒内冷凝水采用虹吸管并利用筒内蒸汽的压力与疏水阀之间的压差,使之连续地排出筒外。根据干燥机的结构和料液性质的不同,布膜装置有所不同,如单筒的底部浸液布膜、双筒的顶槽布膜以及喷雾布膜等。

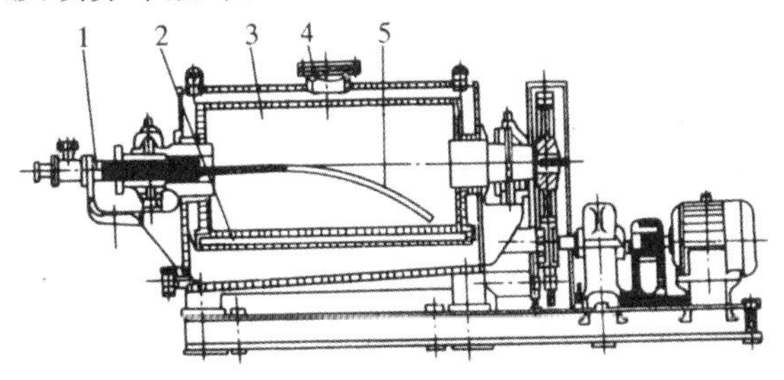

图 1-7 滚筒干燥机的结构

1—蒸汽进头;2—料液槽;3—主动滚轮;4—排气口;5—冷凝水吸管

滚筒干燥机的工作过程如图 1-8 所示,需干燥处理的料液由高位槽流入滚筒干燥机的受料槽内,由布膜装置使物料薄薄地(膜状)附在滚筒的表面。滚筒内通有供热介质,如蒸汽。物料在滚筒的转动中由筒壁传热使其水分汽化。干燥后的物料由刮刀刮下,经螺旋输送装置输送至成品贮存槽,粉碎后包装。在传热中蒸发出的水分,视其性质可通过密封罩引入相应的处理装置内进行捕集粉尘或排放。操作的全过程可连续进行。

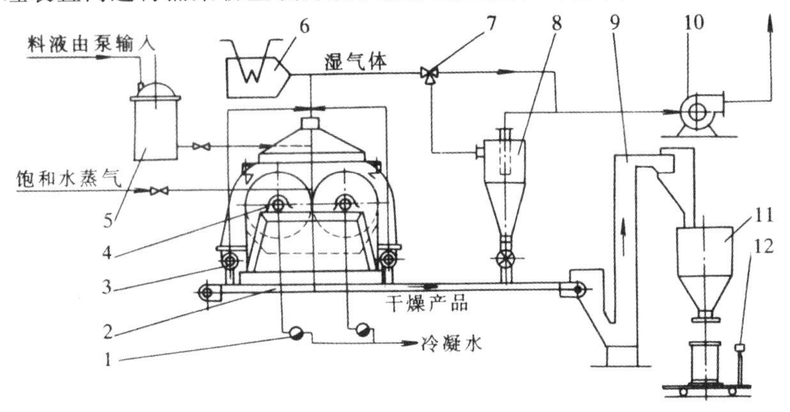

图 1-8 滚筒干燥工作过程示意图

1—疏水器;2—皮带输送器;3—螺旋输送器;4—滚筒干燥器;5—料液高位槽;6—湿空气加热器;7—切向阀;8—捕集器;9—提升机;10—引风机;11—干燥成品贮斗;12—包装计量

滚筒干燥机对物料的干燥是物料以膜状形式附于筒上为前提的,因而物料在滚筒上的成膜厚度,对干燥产品质量有直接的影响。膜形成的厚度与物料的性质(形态、表面张力、黏附力、黏度等)、滚筒的线速度、筒壁温度、筒壁材料以及布膜的方式等因素有关。

(三)流化床干燥机

流化床干燥(又称沸腾床干燥)是粉粒状物料受热风作用,通过多孔板,在流态化过程中干燥。流化床干燥机处理物料的粒度范围为 30μm~5mm,可以用于马铃薯泥回填法干燥。其干燥速度快、处理能力大、温度控制容易,设备结构简单,造价低廉,运转稳定,操作维修方便，可制得含水率较低的产品。

流化床干燥机如图 1-9 所示，由多孔板、抽风机、空气预热器、隔板、旋风分离器等组成。在多孔板上按一定间距设置隔板，构成多个干燥室，隔板间距可以调节。物料从加料口先进入最前一室，借助多孔板的位差，依次由隔板与多孔板间隙中顺序移动，最后从末室的出料口卸出。空气加热后，统一或通过支管分别进入各干燥室，与物料接触进行干燥。夹带粉末的废气经旋风分离器，分离出的物料重回干燥室，净化废气由顶部排出。

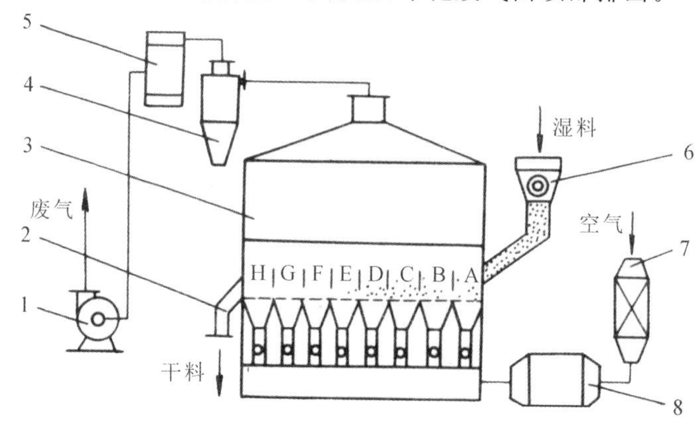

图 1-9　卧式多室型流化床干燥机

1—抽风机；2—卸料管；3—干燥器；4—旋风分离器；5—袋式除尘器；
6—摇摆颗粒机；7—空气预热器；8—加热器

这种干燥机对物料的适应性强，可连续作业，生产能力大。因设有隔板，使物料均匀干燥；亦可对不同干燥室通入不同风量和风温，最后一室的物料还可用冷风进行冷却。但热效率比多层流化床干燥机的效率低。另外，物料过湿时易在前一两个干燥室产生结块，需注意清除。

六、膨化工艺及设备

膨化食品是以水分含量较少的玉米、淀粉、小米、麦子、豆类等主要原料，经过加热、加压处理，使其体积膨化，内部组织结构发生变化，或再经粉碎、成型等工序加工而成的各种食品。膨化食品不仅组织结构多孔、膨松，口感香酥，易于消化吸收，而且具有加工方便、自动化程度高、质量较为稳定、综合成本低等优点，在现代化的食品工业中显示出了极大的优越性。而薯类膨化食品是膨化食品一个重要的分支。

膨化食品的生产有两种不同的生产工艺流程：一是“直接膨化食品”；二是“间接膨化食品”。直接膨化食品是指原料用膨化设备直接膨化成球形、薄片、环行或棒状等各种形状，经过调味、干燥等工序制成膨化食品，如传统爆玉米花、爆玉米棒、爆豆子等。间接膨化食品是指先制出没有膨化的半成品（可以呈一定的形状），然后将半成品进行精心的干燥，再经过烘烤、油炸、热气流、微波等形式处理，使半成品膨化成膨化食品，如虾片、虾条、泡司、薯条等。

直接膨化食品工艺流程：

原料→预处理→膨化设备膨化→成型→干燥→喷洒调料→膨化食品→包装

间接膨化食品工艺流程：

原料→预处理→成型→干燥→半成品→膨化处理→喷洒调料→膨化食品→包装

膨化设备的种类很多，按原料膨化后的形态可分为挤压式膨化设备、爆花式膨化设备。挤压式膨化机升温快，可连续作业，可在指定的部位集中施加剪切力和挤压力，具有捏合和搅拌的作用，高温瞬时均匀地处理食品原料，并可生产各种形状的小食品。爆花式膨化机膨化的食品能大致保留原料的形状，还可处理挤压膨化机处理不了的原料，如含油脂较多的油料作物。

根据膨化设备的生产方式可将其分为间歇式膨化设备和连续式膨化设备两大类。间歇式膨化设备比较简单，易于操作，原料适应范围广，但其生产效率不高，产量低，不适宜于大规模生产化生产。连续式膨化设备是在间歇式膨化设备的基础上发展起来的，其工作原理是把装料、加盖、密封和开盖膨化改为连续进料和连续排料。为了保持在200℃和0.6MPa的高温高压条件下实现连续进料和排料，一般都采用转动阀（或称为关风器）。

（一）挤压式膨化机

挤压式膨化机的膨化原理是：物料由料斗进入螺套后，由旋转的螺杆向前推进。由于螺杆与螺套的间隙越来越小，物料受到不断的挤压和剪切，密度增加、温度升高，物料的流变性质发生变化，固态向液态转化，最后形成黏稠的塑性流体。在成型模头前压力可达1500kPa，温度可达275℃左右，远远超过常压下水的沸点。此时，物料从模具孔中被排出到常压下时，物料中的水分在瞬间汽化、膨胀并冷却，使物料中的胶化淀粉体积也随之膨大，挤出物迅速膨胀，从而达到膨化之目的。挤压膨化机将物料的输送、混合、熟制、膨化、成型等工序合在了一起。

挤压式膨化机主要有单螺杆挤压式膨化机和双螺杆挤压式膨化机。单螺杆挤压式膨化机，即单螺杆食品膨化机，结构简单，但动力消耗大，温度、压力不易控制，只能膨化具有一定颗粒度、脂肪含量低的谷物。双螺杆挤压式膨化机，即双螺杆食品膨化机，具有加工功能多样性、耗能低等优点，在食品工业领域运用广泛。

1. 单螺杆食品膨化机

单螺杆食品膨化机的结构如图1-10所示，物料由进料斗1经过定量送料器2进入机筒内，并被单螺杆3向前挤压推送，单螺杆3安装在机筒5内，在机筒5的外围设有加热装置6。对于小型单螺杆食品膨化机，常用电阻丝加热器；对于大、中型单螺杆食品膨化机，通常采用蒸汽加热。

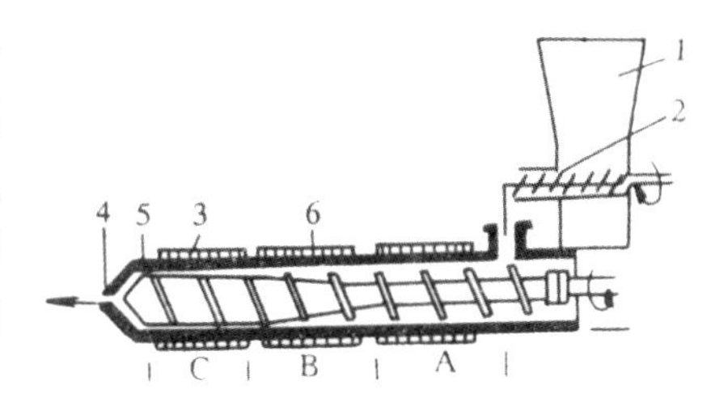

图1-10　单螺杆食品膨化机结构示意图

A—输送段；B—压缩段；C—蒸煮段

1—进料斗；2—定量送料器；3—螺杆；

4—出料口；5—机筒；6—加热装置

在图1-10中，A段为输送段，此段螺杆的内外直径不变，螺距相等，螺杆上的螺纹对物料仅起推送作用，没有挤压作用，位于该段的物料为粉粒状固体物料；B段为压缩段，此段的螺杆外径不变，螺杆内径不断增大，两个螺距之间的容积逐渐减小，物料所受压缩力逐渐增大，该段内的物料因被压缩变形而产生热量，出现部分熔断状态；C段为蒸煮段，又称计量段，此段螺杆上两个螺距之间的容积进一步减小，物料承受很大的压缩力，并因流动阻力增大而发热，压力急剧增加，致使物料全部变成熔融的黏稠状态。最后高温高压流变性大的物料由出料口4的压模模孔（孔口直径一般为3～8mm）喷出机外，并降为常温常压。

单螺杆食品膨化机中，物料基本上是围绕在螺杆的螺旋槽呈连续的螺旋形带状，假如物料与螺杆的摩擦力大于物料与机筒的摩擦力，则物料将和螺杆一起作回转运动，膨化机就不能正常工作。为此，在机筒的内壁一般开设若干条沟槽以增加阻力。另外。由于在模头附近存在着高温高压，容易使物料挤不出去，发生倒流和漏流现象，物料的含水量和含油量愈高，这种趋势越明显，为此，可以在单螺杆食品膨化机的螺杆上增加螺纹的头数，一般制成2～3头，并降低物料的含水量和含油量，以减小其润滑作用，从而避免倒流、漏流以及物料与螺杆一起转动的现象发生。同时物料的粒度也应控制在适当的范围内。

2. 双螺杆食品膨化机

双螺杆食品膨化机是由料斗、机筒、两根螺杆、预热器、压模、传动装置等部分组成，如图1-11所示，其主要工作部件是机筒和一对相互啮合的螺杆。

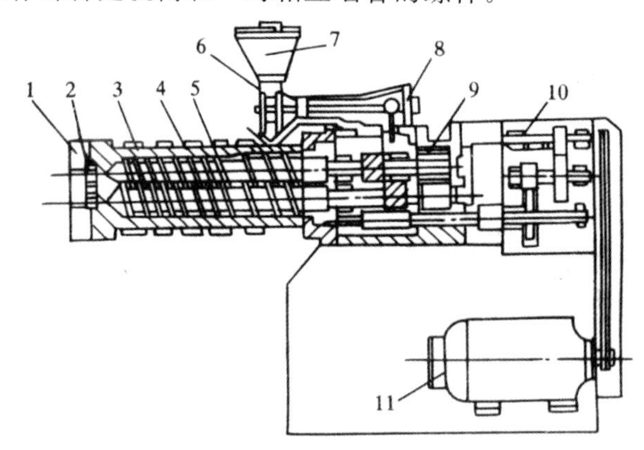

图1-11 双螺杆食品膨化机结构示意图

1—机外连接器；2—压模；3—机筒；4—预热器；5—螺杆；6—下料管；

7—料斗；8—进料传动机构；9—止推轴承；10—减速箱；11—电动机

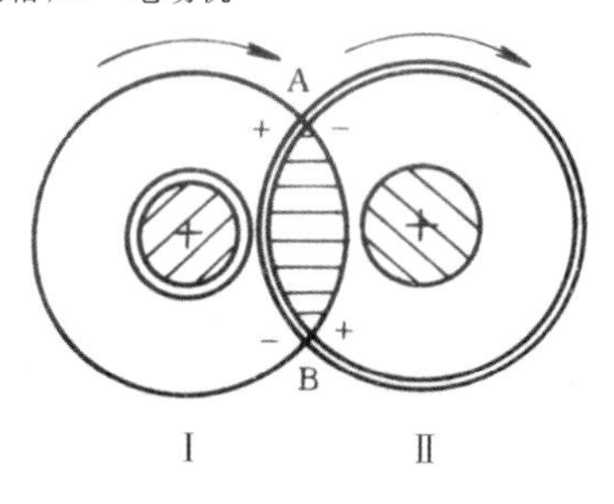

图1-12 同向旋转双螺杆啮合区压力分布图

基本工作原理：同方向旋转的双螺杆食品膨化机是基于螺杆泵的工作原理，即一根螺杆上螺纹的齿峰嵌入另一根螺杆上螺纹的齿根部分。当物料进入螺杆的输送段后，在两根螺杆的啮合区形成的压力分布如图1-12所示。假如每根螺杆进入啮合区时为加压，以“＋”标记；脱离啮合区为减压，以“－”标记。当两根螺杆均以顺时针方向旋转时，螺杆Ⅰ上的螺纹齿牙从A点进入啮合区，从B点脱离啮合区，螺杆Ⅱ上的螺纹齿牙从点B点开始进入啮合区，从A点脱离啮合区，构成了以AB为包络线，用阴影线表示的椭圆形啮合区域，并在A、B两点处形成了压力差。螺杆Ⅰ上的螺槽(两个螺纹之间)的空间，与机筒形成的近似闭合的C形空间内的物料成为C形扭曲状物料料柱，如图1-13所示。在螺杆Ⅰ和Ⅱ的啮合区形成的压力差作用下，物料从螺杆Ⅰ向螺杆Ⅱ的螺槽内转移，在螺杆Ⅱ中形成新的C形扭曲状料柱，接着又在螺杆Ⅱ的推动下，在啮合区内向螺杆Ⅰ转移，物料就这样围绕螺杆Ⅰ和螺杆Ⅱ变成8字形螺旋，并被两根螺杆上的螺纹向前推进，如图1-14所示。物料在运动过程中，由于螺杆上螺纹的螺距逐渐减小，因此物料受到压缩。为了增强对物料的剪切力，在压缩段的螺杆上通常安装有1～3段反向螺纹的螺杆和混捏元件。混捏元件通常为薄片状椭圆形或三角形混捏状，用以对物料进行充分的混合和搅动，然后物

料经过蒸煮段被送向模头，经模孔排出机外。

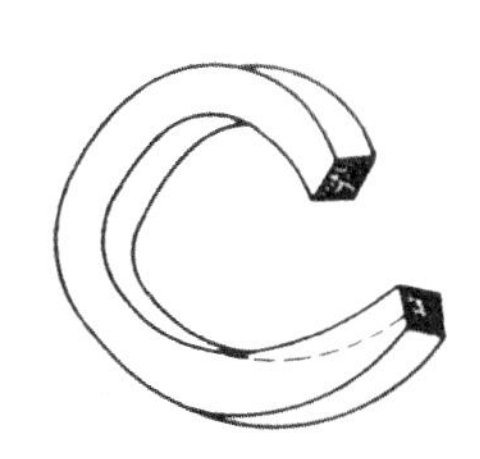
图 1-13　C形扭曲形物料料柱

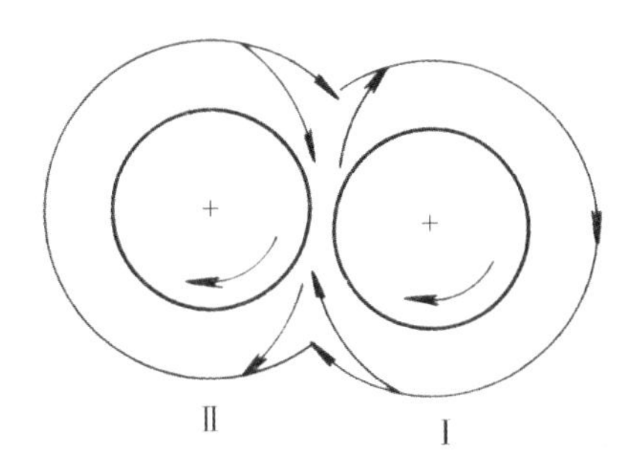

图 1-14　物料在螺杆Ⅰ和螺杆Ⅱ的螺槽中呈 8 字形的流动

双螺杆食品膨化机的特点是：①输送物料的能力强，很少产生物料回流和漏流现象；②螺杆的自洁能力较强；③螺杆和机筒的磨损量较小；④适用于加工较低和较高水分（8%～80%）的物料，对物料适应性广（单螺杆食品膨化机加工时，若物料水分超过 35%，机器就不能正常工作）；⑤生产效率高，工作稳定。

（二）爆花式膨化机

爆花式膨化机的膨化原理是：将谷物或其他的物料装入膨化机中加以密封，进行加热、加压或机械作用，使物料处于高温、高压状态。物料在此状态下，所有的组分都积蓄了大量的能量，物料的组织变得柔软，水分呈过热状态，此时，迅速将膨化机的密封盖打开或将物料从膨化机中突然挤压出来，由于物料瞬间被突然降至常温、常压状态，巨大的能量释放，使呈过热状态的液态水汽化蒸发，其体积可膨胀 2 000 倍左右，从而产生巨大的膨胀压力。巨大的膨胀压力使物料组织遭强大的爆破伸张作用，使物料成为无数细微多孔的海绵结构，使体系的熵增加（即混乱度增大）。

目前，国内外使用的连续工作爆花式膨化机有三种类型：气流式、流动层式和传送带式。

1. 气流式连续膨化设备

这套设备的工作原理如图 1-15 所示。整套设备是由过热器、供料装置、加热管、分离器、鼓风机、膨化装置等几部分组成的。来自蒸汽锅炉的饱和水蒸气，通过耐高温、高压的鼓风机 7 和过热器 8 变成过热蒸汽，然后通过特殊设计的旋转供料器 2 进入加热管 3 和旋风分离器 4 中。旋风分离器的出口管和鼓风机的进口管相连，形成一个闭合的热风回路。在鼓风机进口管和旋风分离器出口管之间装有蒸汽支管和阀门，可以补充饱和蒸汽。加热管和旋风分离器装有保温套 9，以防止热量散失。这个热风气流系统为连续加热被膨化的原料准备了条件。

把待膨化的原料从加料斗下部的人字形滑料槽 1 送入旋转供料器 2，原料被高压的过热蒸汽吹入加热管 3 中，原料混在加热管的高温气流中呈悬浮状态，在数秒钟内瞬间加热到所要求的温度，加热后的原料用旋风分离器 4 捕集后，通过一个特殊设计的旋转式高压阀门连续地向膨化罐 6 排出，在这一瞬间，加热管内处于过热状态的原料排出管外，突然从高压变成常压，原料中的水分瞬间汽化膨胀，把原料喷爆膨化为多孔的海绵状膨化制品。

在这套气流式连续膨化装置中，2、5 是两个关键部件。旋转供给装置是一个圆筒体的旋转供料器，从图 1-15 中可以看出，转动体上开有圆弧形的料槽。外壳上、下方和侧面分别开有两个圆孔。两孔之间的距离和进料斗下方的人字形滑料槽两端的距离相等，又和旋转

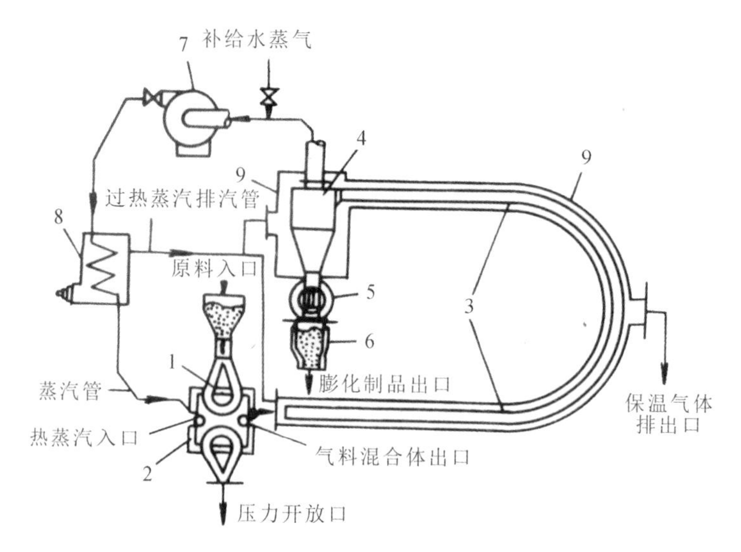

图 1-15　气流式连续膨化设备工作原理示意图

1—滑料槽;2—旋转供料器;3—加热管;4—旋风分离器;5—旋转式密封供料阀;
6—膨化罐;7—循环鼓风机;8—过热器;9—保温套

体内部弧形料槽的两端距离相等,外壳上部的两个圆孔和人字形滑料槽相接合;外壳侧面的两个圆孔的一端和过热蒸汽的进汽管相接,另一端和加热管道的下端相接;外壳下部的两个圆孔和下方倒人字形余压排放口管道相接。当旋转体的弧形料槽转到上方和进料滑料槽相对时,原料进入料槽;当旋转体转到水平位置时,弧形料槽的两端和过热蒸汽管与加热管相对时,高压过热蒸汽把料槽中的原料吹入加热管;当旋转体转到下方使料槽的两端和余压排入口相对时,料槽中的一部分剩余蒸汽和压力就排放出去,为继续进料准备条件。转子和壳体的配合精度极高,不会漏气。

2. 流动层式连续膨化设备

该种设备的工作原理如图 1-16 所示。整套装置是一个立式短圆柱状密封罐体,上、下装有特殊的供料装置 2,还装有过热蒸汽的进汽管和出汽管,罐的内部装有一个受料盘和一组水平方向旋转的呈放射状的搅拌叶片。受料盘底部由多孔板构成。膨化的原料通过旋转式密封供料阀进入密闭罐内的受料盘,边进料,搅拌叶片边转动搅拌以便形成一个均匀的料层。与此同时,过热蒸汽从受料盘下部自下而上通过料层,使过热蒸汽和原料直接接触,进行加热处理。当受料板上的原料沿着半圆形通路转动到落料斗位置时,又有一个蒸汽支管及阀门喷入过热蒸汽进行补充加热,使原料进一步加热到过热状态。最后,过热状态的原料从落料斗下部的旋转式密封供料阀由高压向常压排出,原料发生喷爆,即得到膨化制品。该套设备具有加热时间短(仅数十秒钟)、膨化压力可以任意调节、原料加热均匀及产品质量稳定等特点。与气流式连续膨化设备相比,流动层式连续膨化设备中的物料停留时间较长,在相同温度压力下,物料膨化后的体积较大。

3. 传送带式连续膨化设备

该种设备的工作原理如图 1-17 所示。它是一个卧式圆筒式密封容器,上、下各装 1 个旋转式密封供料阀,上面装有 3 个过热蒸汽进口管,侧面装有 3 个过热蒸汽出口管和循环鼓风机连接。密封容器内部装有由多孔板构成的传送带 2。膨化原料通过旋转式密封供料阀 1 进入传送带,在连续进料中,随着传送带缓慢的运行,形成一个均匀的料层。从料层上方

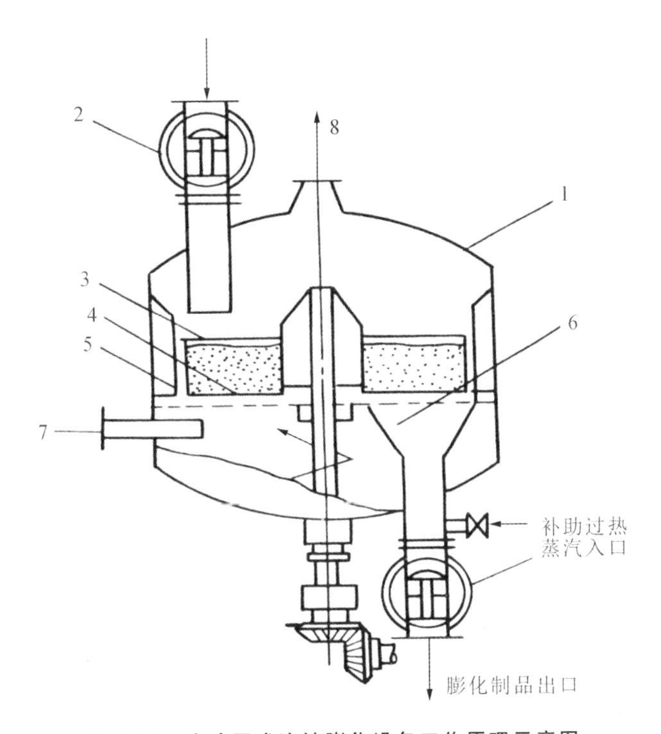

图 1-16　流动层式连续膨化设备工作原理示意图

1—罐体；2—供料阀；3—搅拌叶片；4—受料盘；5—保温套；6—落料斗；
7—过热蒸汽入口；8—过热蒸汽出口（接循环鼓风机）

送入过热蒸汽；自上而下地通过料层加热原料，使原料达到过热状态，然后从传送带的出料口一端落下，通过该端的旋转式密封供料阀将原料排出，原料从高压急剧地降至常压而发生喷爆，即可得到膨化制品。该套设备适用于膨化粒状谷物，加热时间为数分钟。

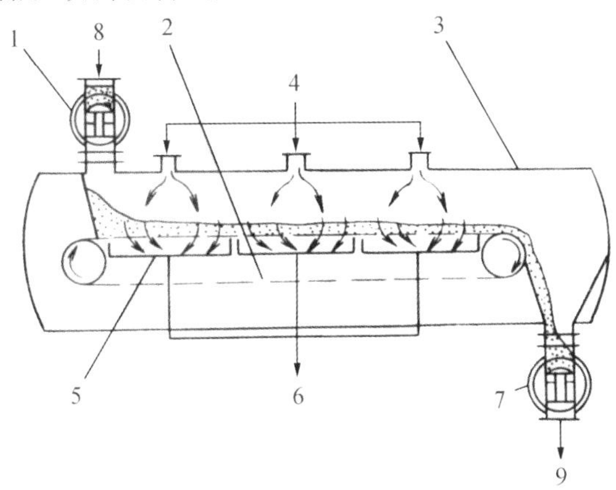

图 1-17　传送带式连续膨化设备工作原理示意图

1、7—旋转式密封供料阀；2—传送带；3—膨化装置本体；4—过热蒸汽入口；5—排气柜；
6—过热蒸汽出口（接循环鼓风机）；8—膨化制品出口

任务二 马铃薯片(条)加工技术

一、脱水马铃薯片

(一)生产工艺流程

马铃薯→清洗→去皮→切片→热烫→硫处理+干燥→包装→成品

(二)操作要点

1. 原料要求

马铃薯块茎要大,表皮薄,芽眼浅而少,圆形或椭圆形,无疮疤病和其他疣状物,肉色为白色或淡黄色。干物质含量不低于20%,其中淀粉含量不超过18%。干制后复水率不低于3倍。

2. 切片

洗净去皮的马铃薯,在空气中易变色,故必须浸在冷水中,但不得超过2h。切片时,块茎的细胞组织被部分破坏,使切面上随时会形成淀粉。切面上留下的淀粉,为以后进一步加工——热烫和干燥增加困难,必须将马铃薯浸入冷水槽中,洗去淀粉。因为淀粉的相对密度大,沉于槽底,将槽里水倾出后,分出淀粉,干燥,即可得到质量优良的淀粉。

3. 热烫

热烫是决定获得质量优良的干制成品的重要操作工艺之一。热烫时将马铃薯倒入不锈钢网篮或镀锡的金属网篮中,浸在盛有沸水的锅、木桶或木槽中2～5min,时间视马铃薯性质、形状、温度、锅或桶内水量和马铃薯片厚度而定。由薯片弹性的变化来确定热烫的程度:用手指捏压时,不破裂,加以弯曲,可以折断。在触觉和口味上应有未煮透的感觉。

热烫的马铃薯必须立即进行冷却,防止马铃薯组织继续变软。缓慢冷却会使切片部分变形。冷却可以在空气中进行,也可以放入冷水中或喷洒冷水。

4. 硫处理

硫处理的目的是防止在干制过程中,干制品在贮存期间发生褐变,还可以提高维生素C的保存率,抑制薯片微生物的活动,加快干燥速度。硫处理有熏硫法和浸硫法两种。

熏硫法是将薯片直接用硫磺燃烧产生的气态二氧化硫进行熏制处理,可在熏硫室或塑料帐内进行。用来烟熏的硫磺含杂量不应超过1%,其中含砷量不得超过0.015%。熏硫结束后,将门打开,待二氧化硫气体散尽后,才能入内工作。

浸硫法是用0.3%～1.0%的亚硫酸氢钠或亚硫酸盐溶液浸泡或喷洒烫煮过的马铃薯片,处理后的马铃薯干制品中二氧化硫的含量宜保持在0.05%～0.08%之间。

5. 干燥

用自然干燥或烘干机干燥均可,但产品必须是弯硬的(弯曲即折断),有马铃薯干固有的滋味和气味,呈不同程度的淡黄色,半透明或透明状,断面有玻璃质感。

二、速冻马铃薯条

在马铃薯食品加工中发展速度最快的属速冻马铃薯食品,而产量最大的是速冻薯条。美国的爱达荷州和华盛顿州是速冻马铃薯条的主要加工地,其生产的速冻薯条的形状有许多种，主要有：

直切条：薯条表面平整，主要用于家庭炸薯条。

皱切条：与直切薯条类似，只是被切成波形。

条：长薯条。

丝：细长薯条，有直切和皱切的。

片：按照马铃薯的形状切成的片。

丁：小方块。

薯条的长度有不同的表示方法，目前常用的术语是：

超长薯条：80%以上的薯条长度≥5.0cm，30%以上的薯条长度≥7.5cm。

长薯条：70%以上的薯条长度≥5.0cm，15%以上的薯条长度≥7.5cm。

中等薯条：50%以上的薯条长度≥5.0cm。

短薯条：50%以下的薯条长度≥5.0cm。

速冻薯条加工质量的好坏主要取决于马铃薯品种。用多个品种马铃薯进行试验发现，在马铃薯品质特性中，相对密度大是首要因素，其次是马铃薯的形状，薯形大而细长的马铃薯适合切条，去皮损失率低，薯条具有较高的市场价值。

速冻薯条的加工方法较多，每个企业在某些关键的生产环节上都有自己独特的技术，下面介绍最基本的加工方法。

(一)生产工艺流程

原料预处理→切条和清洗→挑选→沥水→一次烫漂→冷却→二次烫漂→冷却→沥水→冷冻+包装→成品

(二)操作要点

1. 切条和清洗

采用带水枪的不锈钢刀切薯条，可以避免切条过程中薯条与空气、金属元素接触发生氧化反应而使薯条变色。

2. 挑选

生产线中安装有电子眼，专门识别产品中断条、变色、黑斑和有其他缺陷的薯条，并有专门人员加以挑选。

3. 沥水

清洗和挑选后的薯条，经过振荡器把薯条的水分甩干。

4. 一次烫漂

烫漂的作用是抑制酶的活力和改善薯条的质地，可以稳定薯条的颜色和保持质地。由于烫漂过程中薯条表面淀粉的凝胶化作用，使得薯条吸收油脂的能力降低。烫漂可以将还原糖从薯条中抽提出来，降低了薯条中还原糖的含量。烫漂过程的热处理使薯条部分熟化，因此还可以降低薯条的油炸时间。一次烫漂的温度较低，一般为75℃。

5. 二次烫漂

如果薯条中还原糖的含量高，一次烫漂温度较低，只能抽提部分还原糖。二次烫漂采用95℃的热水，可以有效地降低薯条中还原糖的含量。两次烫漂之间，薯条要用冷水冷却，这样才能保证最终产品的质地。烫漂时间和温度还取决于是否使酶失活。烫漂后的薯条用过氧化酶试验判断酶的活力大小。

6. 冷却和沥水

二次烫漂后的薯条要立即冷却并通过振荡器吹干表面的水分。如果薯条直接用于油炸,表面必须相当干燥。

7. 冷冻

薯条送入冷冻隧道中速冻,冷冻时间和温度取决于所采用的设备性能。

8. 包装

根据用户的需要可以采用多种包装形式,包装材料以塑料最为常见。

近年来,有些厂家在薯条中使用一种淀粉基添加剂,该添加剂可以用于涂薯条表面,形成薄薄的涂层,明显地改善薯条的质地、风味和油炸品的外观。

三、油炸马铃薯片

油炸马铃薯片是当今很流行的一种方便食品,销售量很大。油炸马铃薯片的方法基本分为两种:一种是直接把马铃薯切片后油炸,称为油炸鲜马铃薯片;另一种是将马铃薯先制成泥,再配入其他一些原料,重新成型,切片油炸,此类产品泛指油炸马铃薯片。

油炸马铃薯片包括多种不同的产品,其加工的具体方法也各不相同,下面分别进行介绍。

(一)方法一

1. 原料配方

鲜马铃薯泥75%,玉米淀粉15%,木薯粉3%,食盐1%,白糖5%,味精0.5%,调味料(花椒粉、辣椒粉、葱粉或葱末)0.5%,炸制油为棕榈油。

2. 生产工艺流程

马铃薯泥+玉米粉混合→调粉→糊化→调味→搓棒+冷却→老化→切片→干燥→油炸→脱油→包装→成品

3. 操作要点

(1)调粉、糊化

以马铃薯泥作为半成品,加入玉米粉混合,按设计配方分别称取各种原料,混合均匀,制成湿面团后放入蒸锅内进行糊化处理,温度为58~65℃,时间为20min。

(2)调味、搓棒

待蒸熟的面团冷却后,将已称量好的味精、花椒粉、辣椒粉、葱粉或鲜葱末分别倒入面团中进行调味,制成不同口味的湿坯,再进一步搓成直径为2~4cm的面柱。调味操作也可在油炸脱油后进行。

(3)冷却处理

将面柱装入塑料袋中,密封后放入冰箱冷藏室冷却。冷却温度为4~6℃,时间为5~11h,具体处理时间应依据面团大小和冷却速度而定。

(4)老化、切片和干燥

将充分老化的面柱切成1.5~2.0mm厚的薄片,放入干燥机内,在45~50℃下干燥4~5h,使干坯内的水分含量降至4%~9%。

(5)油炸

用棕榈油在180~190℃下油炸,即得成品。

（二）方法二

1. 生产工艺流程

（1）原料→选剔→洗涤→去皮→切片→热烫→烘干或晒干→包装→备用

（2）食用油→加热→油炸→出锅冷却→包装→成品

2. 操作要点

（1）原料选剔和洗涤

选择芽眼较浅、无病虫、无较大机械伤、肉质白色或黄白色的块茎为原料，并用清水洗涤干净。

（2）去皮

采用碱液去皮法效果较好。摩擦去皮的组织损失较大，而蒸汽去皮又常会产生严重的热损失，影响最终的产品质量。去皮损耗一般在1%～4%。

（3）切片和热烫

将洗净的块茎送入切片机切片（小批量加工，也可用手工切片），切片厚度为2mm左右。切片后立即投入清水中浸泡，以防褐变。为防止酶促褐变和提高成品质量，将切好的马铃薯片由清水中捞出后立即投入沸水中热烫1～2min，以烫透而不软、呈半透明时即可，捞出后冷却。

（4）烘干或晒干

将热烫后的马铃薯片摊摆在篾盘中送入烘房烘干，烘干温度为60～65℃。无烘房的厂家或家庭加工时也可晒干，但要注意避免淋雨，保持卫生。烘干后的马铃薯片用麻袋或塑料袋包装备用。

（5）油炸

首先将适量的食用植物油倒入锅中加热至油沫消失，表面起油烟时即可投料油炸。每次投料量依锅内油量多少而定，不能过多。投料后要迅速翻动，以免焦煳或漏炸。当马铃薯片充分膨胀并转为白色或黄白色时立即用笊篱捞出，趁热撒入精盐拌匀即可。

（6）包装

炸好的马铃薯片冷却至40℃以下时即可用小塑料袋分装，并立即封口。有条件的厂家也可采用真空包装，以延长保质期。袋装量可分为50g、100g、200g等多种规格。为增加花色品种，袋内也可放入另行包装的不同风格的佐料。

3. 产品质量标准

油炸马铃薯片呈白色或黄色，入口香脆，风味独特，保质期为3～6个月。

（三）方法三

1. 生产工艺流程

马铃薯→流水洗涤→去皮→切片→洗片→预煮→冷却→护色→着色→脱水→油炸→调味→冷却→包装→入库

2. 操作要点

（1）原料选择

要获得品质优良的油炸马铃薯片，减少原料消耗，必须选择符合工艺要求的马铃薯。因此，要求原料为块茎形状整齐，大小相对均匀，表皮薄，色泽一致，芽眼少，相对密度较大，淀粉和总固形物含量高，糖分含量低，栽培土壤、环境相对一致的马铃薯。

(2)洗涤

将马铃薯倒入旋转洗皮机中,用清水浸没,同时放少量粗沙砖块,旋转摩擦20～30min,洗去表面泥沙,并洗除马铃薯1/3～2/3的表皮。

(3)去皮

捞出洗净、去皮的马铃薯,剩下不能摩擦去掉的厚皮、烂皮、发芽皮等马铃薯,用刨皮刀人工去皮。需要完全剔除表皮,否则会影响油炸马铃薯片的商品外观。

(4)切片

手工切片厚薄不均匀,一般采用旋转刀片自动切片。切片厚度根据块茎的采收季节、贮藏时间、水分含量多少而定。刚采收的马铃薯块茎饱满,含水量高,切片厚度掌握在1.8～2.0mm。贮藏时间长,水分蒸发量大,块茎固形物含量高时,切片厚度以1.6～1.8mm为佳。

(5)洗片

切好的薯片要放在水池中用清水洗净表面的淀粉,防止预煮时淀粉糊化黏片,影响油炸效果。

(6)预煮

将洗净的薯片(切片)倒入沸水中热烫2～3min,煮至切片熟而不烂,组织比较透明,失去鲜马铃薯的硬度。目的是破坏马铃薯片中酶的活性,防止油炸高温褐变,同时失去组织内部分水分,使其易于脱水。

(7)冷却、护色

将预煮好的马铃薯片立即倒入冷水池中冷却,防止薯片组织进一步受热而软化破碎。同时,为防止薯片高温时变褐或变红,需加入适量的柠檬酸和焦亚硫酸钠进行护色。

(8)着色

为了提高油炸薯片的风味,增加薯片的外观色泽,提高消费者的食欲,护色后的薯片要在加有1%～2%的食盐和加有一定量色素、柠檬酸的水池中再浸泡10～20min,使盐味和色素渗透到整片中,使油炸后的薯片咸淡适宜,外观好。

(9)脱水

将加盐和着色后符合工艺要求的薯片从水池中捞起,再倒入脱水机中脱去部分游离水。因为薯片表面含水太高,油炸时表面起泡,泡内含油,既影响商品外观,又增大耗油量,所以薯片脱水越干越好。

(10)油炸

一般中小型加工厂采用不锈钢油炸锅进行油炸,本法采用的油炸锅长×宽×高为120cm×55cm×60cm,锅底用两个直径为18cm的油炉加热升温,效果很好。用来炸薯片的油脂采用耐高温、不易挥发、不易酸败变质的棕榈油。实践证明,油温为210～230℃时,油炸薯片的色泽均匀,表面含油量少,油耗低;如果在低于200℃的较低温度下油炸薯片,表面颜色深,含油量多,影响产品质量。为了防止油脂酸败,在棕榈油中常加入0.1%～0.2%的抗氧化剂,以延长产品的保质期。

(11)调味

将盐、味精等调味料均匀撒在油炸好的薯片表面,以满足不同消费者的口味。

(12)包装

调味后的薯片冷却至常温后,根据不同的设计要求进行称重、包装,最后入库销售。

四、马铃薯脆片

马铃薯脆片是近年来开发的新产品，利用了新兴的真空低温（90℃）油炸技术，克服了高温油炸的缺点，能较好地保持马铃薯的营养成分和色泽。脆片含油率低于20%，口感香脆，酥而不腻。

（一）生产工艺流程

马铃薯→分选→清洗→切片→护色→脱水→真空油炸→离心脱油→冷却→分级、包装→成品

（二）操作要点

1. 切片、护色

由于马铃薯富含淀粉，固形物含量高，其切片厚度不宜超过2mm。切片后的马铃薯表面很快有淀粉溢出，在空气中放置过久会发生褐变，所以应将其立即投入98℃的热水中处理2～3min，捞出后冷却、沥干水分即可进行油炸。

2. 脱水

去除薯片表面的水分可采用的设备有冲孔旋转滚筒、橡胶海绵挤压辊及离心分离机等。

3. 真空油炸

真空油炸系统包括工作部分和附属部分。工作部分主要是完成真空油炸过程，包括油炸罐、贮罐、真空系统、加热部分等；附属部分主要完成添加油、排放废油、清洗容器及管道（包括贮油槽、碱液槽）等过程。

真空油炸时，先往贮油罐内注入1/3容积的食用油，加热升温至95℃；把盛有马铃薯片的吊篮放入油炸罐内，锁紧罐盖。在关闭贮罐真空阀后，对油炸罐抽真空，开启两罐间的油路连通阀，油从贮罐内被压至油炸罐内；关闭油路连通阀，加热，使油温保持在90℃，在5min内将真空度提高到86.7kPa，并在10min内将真空度提高至93.3kPa。在此过程中可看到有大量的泡沫产生，薯片上浮，可根据实际情况控制真空度，以不产生"暴沸"为限。待泡沫基本消失，油温开始上升，即可停止加热。然后使薯片与油层分离，在维持油炸真空度的同时，开启油路连通阀，油炸罐内的油在重力作用下全部回流贮罐内。随后再关闭各罐体的真空阀，关闭真空泵。最后缓慢开启油炸罐连接大气的阀门，使罐内压力与大气压一致。

4. 离心脱油

趁热将薯片置于离心机中，以1 200r/min的转速离心6min。

5. 分级、包装

将产品按形态、色泽条件装袋、封口。最好采用真空充氮包装，保持成品含水量在3%左右，以保证质量。

五、微波膨化营养马铃薯片

经微波膨化将马铃薯制成营养脆片，得到的产品能完整地保持马铃薯原有的各种营养成分，同时微波的强力杀菌作用避免了防腐剂的使用，更利于幼儿成长需要。

（一）原料配方

马铃薯10kg、食盐0.25kg、明胶0.1kg。

（二）生产工艺流程

原料→去皮→切片→护色→浸胶→调味→微波膨化→包装→成品

（三）操作要点

1. 原料

选择不霉、不变质、无虫、无发芽、皮色无青色、贮藏期小于1年的马铃薯为原料。将选择好的马铃薯利用清水将表面的泥土等杂质洗净。

2. 配制溶液

因为考虑到原料的褐变、维生素C的损失和品味的调配，所以溶液应同时具有护色、调味等作用，且应掌握时间。量取一定量的水（要求全部浸没原料），加入需要的食盐和明胶，加热至100℃，明胶全部溶解。制作同样的两份溶液，一份加热沸腾，另一份冷却至室温。

3. 去皮

将清洗干净的马铃薯进行去皮，并深挖芽眼。去皮要厚于0.5mm，然后进行切片，切片厚度为1～1.5mm，要求薄厚均匀一致。

4. 护色及调味

先将马铃薯片放入沸腾的溶液中烫漂2min，马上捞出后放入冷溶液中，并在室温下浸泡30min。

5. 微波膨化

将马铃薯片从冷溶液中捞出后马上放入微波炉内进行膨化，调整功率为750W，2min后翻面，再次放入功率为750W的微波炉中膨化2min，然后调整功率为75W持续1min左右。产品呈金黄色，无焦黄，内部产生均匀的气泡，口感松脆。

6. 成品包装

从微波炉中将马铃薯片取出后要及时封装，采用真空包装或惰性气体（氮气、二氧化碳）包装。应防虫、防潮，在低温、低湿下避光贮藏。包装材料要求不透明，非金属，不透气。产品经过包装后即为成品。

六、马铃薯泥片

（一）生产工艺流程

马铃薯选择→清洗→去皮→水泡→切片→水泡→蒸煮→冷却→捣碎→配料→搅拌→挤压成型→烘烤→抽样检验→包装→成品

（二）操作要点

1. 马铃薯选择

选取无病、无虫、无伤口、无腐烂、未发芽、表皮无青绿色的马铃薯为原料。

2. 清洗

将选好的马铃薯放入清水中进行清洗，将其表面的泥土等杂质去除。

3. 去皮

利用削皮机将清洗后的马铃薯表皮去除，然后放入清水中进行浸泡（时间不宜超过4h）。这主要是使薯块隔离空气，防止薯块酶促褐变的发生，同时浸泡也可除去薯块中的有毒物质（龙葵素）。

4. 切片

将马铃薯从清水中捞出，利用切片机将其切成5mm左右厚的薯片，然后放入清水中浸泡(时间不超过4h)，待蒸煮。

5. 蒸煮

从清水中捞出薯片，80℃预煮15min，0℃冰水冷却15min，90℃二次煮熟15min。

6. 冷却、捣碎

将蒸煮好的薯片取出，经过冷却后利用高速捣碎机将其捣碎。

7. 配料

按比例加入麦芽糊精、精炼食用油、黄豆粉、葡萄糖等。将配料初步调整后作为基础配料，然后根据需要调成不同的风味，如麻油香味、奶油香味、葱油味等。

8. 搅拌和挤压成型

将各种原料利用搅拌机搅拌均匀，成膏状。

9. 烘烤

将压制成型的马铃薯泥片送入远红外线自控鼓风式烘烤箱中进行烘烤。

10. 抽样检验产品及包装

将烘烤好的食品送到清洁的室内进行冷却，随机抽样检验其色、香、味等。将合格的产品进行包装，即可作为成品出售。

(三)成品质量标准

1. 感官指标

颜色：淡黄色或淡白色；味：具有马铃薯特有的香味，兼有特色香味；口感：脆而细，进口化渣快，香味持久。

2. 理化指标

酸度6.5～7.2，铅(以Pb计)≤0.5mm/kg，铜(以Cu计)≤5mg/kg。

3. 微生物指标

细菌总数≤750个/g，大肠菌群≤30个/g，致病菌不得检出。

七、马铃薯五香片

(一)原料配方

马铃薯全粉25kg，糯米5kg，花椒、八角、小茴香、桂皮、丁香、肉豆蔻各25g，精盐、白砂糖各适量。

(二)生产工艺流程

原料选择→处理→调和→压片→油炸→冷却＋包装→成品

(三)操作要点

1. 原料处理

(1)选择无病虫害、无损伤、大小均匀、表面光滑的新鲜马铃薯，经流水反复冲洗，清除杂质，沥干水分。再投入10%～15%的碱液中浸泡3～5min，用水冲洗表皮。捣碎后晒干，或放在60～70℃的烘房内烘干，粉碎成粉状。

(2)将糯米洗去杂质，用清水浸泡2h，粉碎成粉。

(3)用纱布将花椒、桂皮、小茴香、丁香、肉豆蔻包好，加水煮20～30min，冷却后加适量精盐、白砂糖备用。

2. 调和、压片

取以上香料液和糯米粉搅和，放入锅内，利用文火熬煮成糊状，趁热与马铃薯全粉拌和成团，再用大竹筒碾成 0.2cm 厚的薄片，用刀切成各种形状的片块。

3. 油炸

将植物油倒入热锅中，用猛火加热至泡沫消失，稍有油烟时，把薯片投入油炸，边炸边翻动薯片，待薯片面色微黄时立即捞出。

4. 包装

炸好的薯片放凉后即用小塑料袋包装，贴上标签后即可作为成品出售。

八、烤马铃薯片

（一）生产工艺流程

马铃薯→清洗→切片→漂洗→护色→热烫→干制→烘烤→着味→冷却→分选→包装→成品

（二）操作要点

1. 切片与漂洗

先利用清水将马铃薯清洗干净，然后进行切片。可用旋转式离心切片机切片，要求薯片厚薄均匀一致。切好的薯片可进入旋转的滚筒中，用高压水冲洗，洗净切片表面的淀粉。漂洗的水中含有马铃薯淀粉，可以收集起来制作马铃薯淀粉产品。

2. 护色

将洗好的薯片放入 0.25%的亚硫酸盐溶液进行护色。

3. 热烫

热烫可以部分破坏马铃薯片中酶的活性，同时脱除其水分，使其易于干制，还可杀死部分微生物，排除组织中的空气。热烫的方法有热水处理和蒸汽处理两种。一般是在 80～100℃温度下烫 1～2min，烫至薯肉半生不熟、组织比较透明、失去鲜马铃薯的硬度但又不像煮熟后那样柔软时为宜。

4. 干制

干制分自然干制和人工干制（晒干）两种。自然干制是将热烫好的马铃薯片放置在晒场，于日光下暴晒，待七成干时翻一次，然后晒干。人工干制可在干燥机中进行，要使其干燥均匀，当制品含水量低于 7%时，即结束干制。

5. 烘烤

将薯片摊开，均匀摆放于烤盘中，送入烘烤炉进行烘烤，烘烤温度为 170～180℃，烘烤时间视原料的厚薄、含水量而定，一般为 2～3min，烤至薯片表面微黄为止。

6. 着味、包装

烤薯片可以直接包装，也可经喷油、撒拌调味料，着味后进行包装，产品经过包装后即为成品。

（三）产品特点

烤马铃薯片焦香酥脆，风味独特，油脂含量大大低于油炸马铃薯片，近年来在西方国家的销售势头越来越好，受到人们的青睐。

九、蒜味马铃薯片

（一）生产工艺流程

原料→水洗→去皮→切片→速冻→解冻→油炸→调味→充气包装→成品

（二）操作要点

1. 原料选择

要求马铃薯个体均匀，成熟一致，无虫蛀、无腐烂、无发芽。辣椒、大蒜、姜、洋葱等经脱水干燥后磨碎，辣椒细度达80目，其余为100目。用于煎炸的棕榈油羰基值不得超过20mg当量/kg，酸价不得超过1.8mg氢氧化钾/g油，过氧化值要小于2.5mg当量/kg，颜色透明、纯净。

2. 前处理

利用清水洗去马铃薯表皮的泥土、污物，然后将其去皮。

3. 切片

将马铃薯切成厚2～3mm的片，立即浸入水中，以防止与空气中的氧气接触，产生氧化褐变。

4. 速冻、解冻

将马铃薯片沥干，立即放入冰柜中冷冻3～4h，温度低于－10℃时取出，放入清水中进行解冻。

5. 油炸

将油温加热到170～180℃进行高温瞬时油炸处理，时间为30s。

6. 调味

油炸完毕后，立即用混合调味料进行均匀喷撒，使调味料均匀黏在马铃薯片上。

7. 包装

调味完毕后，立即装入塑料袋中，用充气封口机充氮气进行封口包装，产品包装后即为成品。

（三）成品质量标准

外形：薯片表面平整，厚薄一致；色泽：淡褐色；风味：具有马铃薯鲜香味、淡淡的辣味及大蒜的余味，入口香酥、松脆。

十、马铃薯酥糖片

（一）生产工艺流程

马铃薯→清洗→切片→漂洗→水煮→烘干→油炸→上糖衣→冷却、包装→成品

（二）操作要点

1. 选薯、切片

选沙质、向阳地块生产的无病虫害、无霉烂的50～100g重的马铃薯。这种薯块不仅大小适宜，而且淀粉含量高。用水将薯块冲洗干净，然后用20%～22%的碱液去皮。可用切片机切片，厚度为1～2mm，要求厚薄均匀。切好的薯片倒入清水池中，以免薯片表面发生氧化变色。

2. 水煮

将马铃薯片倒入沸水锅中，当薯片达到八成熟时，迅速捞出晾晒。

3. 烘干

若天气晴好，可以将马铃薯片置于阳光下晒；若天气不好，可以用烘箱进行人工烘干，以抛撒有清脆的响声，一压即碎为度。

4. 油炸

油炸时注意翻动，使受热均匀，膨化整齐。当薯片成金黄色时，迅速捞出，沥干油分。

5. 上糖衣

将白糖放入少量水中，加热溶化，倒入炸好的薯片，不断铲拌，且烧小火暖烘，使糖液中的水分完全蒸发而在薯片表面形成一层透明的糖膜，最后经过包装即为成品。

(三)产品特点

加工简单，产品具有香、甜、酥的特点。

十一、马铃薯仿虾片

(一)生产工艺流程

马铃薯→清洗→切片→漂洗→煮熟→干制→分选→包装→成品

(二)操作要点

1. 选料

选择无病虫害、无霉烂、无发芽和无失水变软的马铃薯为原料，利用清水洗净后，用摩擦去皮法或用碱液去皮。

2. 切片与漂洗

可采用不锈钢刀手工切片或用旋转式离心切片机切片，要求薯片厚薄均匀一致，厚度为2～3mm。切好后的薯片倒入清水中冲洗，洗净其表面的淀粉。

3. 煮熟

将浸泡好的马铃薯片倒入沸水锅中，煮沸3～4min，当薯片达到熟而不烂时，迅速捞出放入冷水中，轻轻翻动搅拌，让薯片尽快凉透，并去净薯片上的粉浆、黏沫等物，使薯片分离，不粘连。

4. 干制

干制分自然干制和人工干制(晒干)两种。自然干制是将凉透的马铃薯片捞出，沥干水分，单层整平排放在篦子上，于阳光下晾晒，待薯片半干时，再整形一次，然后翻晒至透。也可采用烘房干制，烘房温度一般控制在60～80℃。

5. 分选、包装

为了能长期贮存，在晒的过程中，按薯片重量的0.2%，利用山梨酸或安息香酸液进行浸洒，然后阴干。根据薯片大小分级，进行包装，置于通风干燥处保存。

(三)食用方法

这种仿虾片的食用方法和海虾片的食用方法相同，即用热油干炸，作为佐酒菜之用。其特点是酥脆可口，营养丰富，嚼起来有一种独特的清香味。

十二、薯香酥片

（一）生产工艺流程

甘薯和马铃薯→清洗→预煮→去皮→复煮→打浆→拌料＋加酵母→发酵→干燥→压片→切片→烘烤→摊冷＋油炸→沥油→冷却→包装→成品

（二）操作要点

1. 原料预处理

用清水将选择好的甘薯和马铃薯（比例为6∶1）洗净，置沸水中预煮10～20min，去皮后切块复煮至熟透。预煮水中预先加入0.05％的亚硫酸钠。

2. 打浆

将煮熟的薯块放入捣碎机中打成糊状，必要时可添加少量的水，但不宜过多。

3. 拌料、发酵

在混合薯浆中加入0.4％干酵母、8％蔗糖、0.2％食盐，在28℃下发酵2h。

4. 干燥

发酵后的浆料在80℃左右下干燥60～80min，以能压片为度。干燥过程中要勤翻动，防止浆料焦煳。

5. 压片、切片

用手摇压片机将干燥浆料压制成2～3mm厚的均匀薄片，再切成3cm×4cm大小一致的小片。

6. 烘烤、冷却、油炸

将切成的小片在60～70℃烘烤3～5min，经摊冷后，在(170±2)℃下油炸30～40min，取出，沥去余油，经冷却、包装即为成品。

十三、琥珀马铃薯片

（一）生产工艺流程

原料选择→清洗→去皮→切片→漂洗→烫漂→护色→干制→套糖→油炸→冷却→甩油→调味→包装→成品

（二）操作要点

1. 原料选择

选择新鲜的白皮马铃薯，要求同一批原料、大小均匀一致。

2. 清洗

小批量可采用人工洗涤，即在洗池中洗去泥沙后，再用清水喷淋；大批量可采用流槽式清洗机或鼓风式清洗机进行清洗。

3. 去皮

小批量可采用人工去皮，大批量生产应使用摩擦去皮机或碱液去皮。采用碱液去皮时，碱液浓度为10％～15％，温度为80～90℃，时间为2～4min。

4. 切片

小批量生产可采用人工切片，注意厚度要均匀一致。大批量生产可采用切片机将去皮马铃薯切成均匀的薄片。

5. 漂洗

切片后迅速放入清水中或喷淋装置下漂洗，以去除表层的淀粉。

6. 烫漂及护色

马铃薯片的褐变主要包括酶促褐变和非酶促褐变两种，在加工过程中以酶促褐变起主要作用。所以须对切好的马铃薯片进行灭酶及护色处理。烫漂温度为75～90℃，处理时间控制在20s至1min，可以使马铃薯中的多酚氧化酶和过氧化酶充分钝化，降低鲜马铃薯的硬度，基本保持原有的风味和质地，软硬适中。护色液组成为柠檬酸＋亚硫酸氢钠(0.05％)(pH值为4.9)，结合烫漂操作，护色效果最理想。

7. 干制

干制可采用自然晒干或人工干制。自然晒干是将烫漂、护色后的马铃薯片放置在晒场，于日光下晾晒，每隔2h翻1次，以防止晒制不均匀，引起卷曲变形。人工干制可采用烘房，温度控制在60～80℃，使干制品水分低于7％即可。

8. 套糖

糖液组成为：白砂糖50kg，液体葡萄糖2.5kg，蜂蜜1.5kg，柠檬酸30g，水适量。置夹层锅中溶解并煮沸。将干马铃薯片放入50％～60％的糖液中，糖煮5～10min，使糖液浓度达70％，立即捞出，滤去部分糖液，摊开冷却到20～30℃。

9. 油炸

在低温(低于140℃)条件下油炸时，马铃薯片表面起泡、颜色深，影响外观和口感；在高温(高于170℃)下油炸则可以避免上述现象。

10. 冷却

将炸好的马铃薯片迅速冷却至60～70℃，翻动几下，使松散成片，再冷却至50℃以下。

11. 甩油

将上述油炸后冷却的马铃薯片进行离心甩油约1min，使表面油分脱去。

12. 调味、包装

可在油炸冷却后的马铃薯表面撒上或滚上熟芝麻或其他调味料，使其得到不同的风味。在油炸后冷却1h内，装入包装袋，并进行真空封口。若冷却时间过长，则会由于吸潮而失去产品应有的脆度。产品经过包装即为成品。

十四、中空马铃薯片

(一)原料配方

马铃薯全粉100kg、发酵粉0.5kg、调味料0.5kg、马铃薯淀粉20kg、乳化剂0.6kg、水65L、精盐1.5kg。

(二)生产工艺流程

原料→混合→压片→冲压成型→油炸→成品

(三)操作要点

1. 混合

按照配方将各种原料倒入和面机中充分混合均匀。

2. 压片

利用压面机将上述和好的面团压成0.6～0.65mm厚的薄片料(片状生料中含水量约

为 39%）。

3. 冲压成型

将上述面片两片叠放在一起，用冲压装置从其上方向下方冲压，得到一定形状的、两片叠压在一起的生料片。

4. 油炸

将生料片不经过干燥，直接放入 180～190℃的油中炸，油炸时间为 40～45s。

（四）产品特点

由于加进了 20%的马铃薯淀粉（生淀粉），生料的连接性很好，组织细密。用冲压装置压一下后，两层面片相互紧密地连接在一起，炸过后，两层面片之间膨胀起来，形成了一种特别的中间膨胀的产品。这种产品组织细密，食用时感觉轻而香脆。

十五、烘烤成型马铃薯片

（一）原料配方

马铃薯粉 8kg，小麦粉、马铃薯淀粉各 500g，生马铃薯片 1kg，油脂适量。

（二）生产工艺流程

原料混合→挤压成型→烘烤→喷涂油脂→成品

（三）操作要点

1. 挤压成型

将马铃薯粉、小麦粉、马铃薯淀粉、生马铃薯片（边长 4mm）混合，放在挤压成型机中，加热到 120℃，挤压成型。

2. 烘烤

将上述成型的马铃薯片送入烤箱中，在 110℃下烘烤 20min，在其表面喷涂油脂即为成品。

（四）成品质量标准

形状大小一致，色泽均匀，风味、香味俱佳。

十六、油炸成型马铃薯片

（一）原料配方

配方 1：脱水马铃薯片 10kg，水 3.5L，乳化剂 0.08kg，酸式磷酸盐 0.02kg，食盐、柠檬酸和抗氧化剂各适量。

配方 2：马铃薯粉 6.5kg，小麦粉 1kg，马铃薯糊 2.5kg，炸油适量。

（二）生产工艺流程

脱水马铃薯片→粉碎→混合→压片→成型→油炸→成品

（三）操作要点

1. 粉碎

将脱水马铃薯片利用粉碎机粉碎成细粉。

2. 混合

先用适量温水溶解乳化剂、磷酸盐和抗氧化剂等，然后加入配方中规定的用量与马铃薯粉混合成均匀的面团。为了防止马铃薯中还原糖对成品色泽的影响，可以在面团中加入少量活性酵母，先经过发酵消耗掉面团中可发酵的还原糖。

3. 压片、成型

面团用辊式压面机压成3mm厚的连续的面片，然后用切割机切成直径为6cm左右的椭圆薄片。

4. 油炸

将成型好的薯片放在160～170℃的油中炸7s，在薯片表面均匀撒上成品重2%左右的盐即成。

（四）成品质量标准

该油炸薯片形态规则，质地均匀，松脆可口，具有浓郁的马铃薯风味和香味。

十七、休闲马铃薯片

（一）生产工艺流程

马铃薯→清洗→去皮→切片→护色液浸泡→离心脱水＋混合涂抹→微波烘烤→调味→包装→成品

（二）操作要点

1. 原料预处理

选择皮薄、芽眼浅、表面光滑、大小均匀的马铃薯，用清水清洗干净后去皮。马铃薯去皮后，要认真检查，如有黑斑、芽眼等，在切片前用不锈钢刀修整。

2. 护色液浸泡

把切好的马铃薯片放入由0.045%的偏重亚硫酸钠和0.1%的柠檬酸配成的护色液中，浸泡30min，可抑制酶促褐变和非酶褐变。切片要求厚薄均匀，厚度为1.8～2.2mm，烘烤出的马铃薯片松脆可口且色泽均匀。

3. 离心脱水

用清水冲洗马铃薯片至口尝无咸味即可，然后将马铃薯片用纱布包住，离心1～2min，脱去外表水分。

4. 混合涂沫

将马铃薯片置于一个便于拌和的容器内，按马铃薯片重量计，加入脱腥大豆蛋白粉1%、碳酸氢钠0.25%、植物油2%，然后充分拌和，使马铃薯片涂抹均匀，静置10min即可烘烤。

5. 调味

烘烤出来的马铃薯片，如有边角未干脆的，可另做烘烤处理，剔除焦煳的。对选好的酥脆马铃薯片进行调味时，直接将调味品和香料细粉撒拌在马铃薯片上，混匀。风味品种有：①椒盐味；②奶油味；③麻辣味；④海鲜味；⑤孜然味；⑥咖喱味；⑦原味（即不加任何调味品与香料）。

6. 包装

用铝塑复合袋，每袋装入成品50g，然后置于充气包装机中，充氮后密封，即得成品。

十八、酥香马铃薯片

（一）生产工艺流程

脱水马铃薯片→粉碎→加水拌料→挤压膨化→成型→油炸→调味→包装→成品

（二）操作要点

1. 脱水马铃薯片的处理

人工或自然干燥的原料均可使用，要求色泽正常，无异味，经粉碎加工成粉状。粉碎程度要求能通过0.6～0.8mm孔径筛。如果粉碎颗粒大，膨化时产生的摩擦力也大，同时物料在机腔内搅拌不匀，故膨化制品粗糙，口感欠佳；如颗粒过小，物料在机腔内易产生滑脱现象，影响膨化。

2. 加水拌料

在拌料机中加水拌匀，一般加水量控制在20%左右。加水量大，则机腔内湿度大，压力降低，虽出料顺利，但挤出的物料含水量高，容易出现粘连现象；如加水量小，则机腔内压力大，物料喷射困难，产品易出现焦苦味。

3. 挤压膨化

配好的物料通过喂料机均匀进入膨化机中。膨化温度控制在170℃左右，膨化压力为3.92～4.90MPa，进料电机电压控制在50V左右。

4. 成型

挤出的物料经冷却输送机送入切断机切成片状，厚薄视要求而定。

5. 油炸

棕榈油及色拉油按一定比例混合成油炸用油。油炸温度控制在180℃左右，要求油炸后冷却的产品酥脆，不能出现焦苦味及未炸透等现象。

6. 调味

配成的调味料经粉碎后放入带搅拌的调料桶中，要求调味料均匀地撒在油炸物的表面。

7. 包装

为保证产品的酥脆性，要求产品立即包装，包装材料宜采用铝塑复合袋。

（三）成品质量标准

1. 感官指标

色泽：浅黄色，外观具有油炸和调味料的色泽；口感：具有香、酥、脆等特点，有马铃薯特有的风味，并具有包装上标识的风味类型应有的味道；组织形态：产品断面组织疏松、均匀，片薄；形状：圆形或长方形，大小均匀一致。

2. 理化指标

水分<6%，蛋白质<8%，脂肪<2%，过氧化值<0.25%，酸值<1.8mg氢氧化钾/g油。

3. 卫生指标

符合《油炸小食品卫生标准》(GB 16565—2003)。

任务三　马铃薯粉制品加工技术

一、马铃薯全粉

马铃薯全粉是指马铃薯经去皮、护色、切片、干燥、筛分等工序后得到的产品。马铃薯全粉是马铃薯食品工业的基料，以马铃薯全粉为原料，经科学配方，添加相应营养成分，可制成全营养、多品种、多风味的方便食品，如雪花片类早餐粥、肉卷、饼干、牛奶土豆粉、肉饼、丸子、饺子、酥脆魔术片等，也可把全粉作为“添加剂”制成冷饮食品、方便食品、膨化食品及特殊人群(高脂血症、糖尿病患者，老年人、妇女、儿童等)食用的多种营养食品、休闲食品等。

(一)生产工艺流程

原料马铃薯→拣选→清洗→去皮→切片→预煮→蒸煮→调整→干燥→筛分→检验→包装

(二)操作要点

1. 原料选择

原料的优劣对制成品的质量有直接影响。不同品种的马铃薯，其干物质含量、薯肉色泽、芽眼深浅、还原糖含量以及龙葵素的含量和多酚氧化酶的含量都有明显差异。干物质含量高，则出粉率高；薯肉白者，成品色泽浅；芽眼多又深，则出品率低；还原糖含量高，成品色泽深；龙葵素含量高，去除毒素的难度就大，工艺就复杂；多酚氧化酶含量高，半成品褐变严重，会导致成品色泽深。因此，生产马铃薯全粉须选用芽眼浅、薯形好、薯肉色白、还原糖含量低和龙葵素含量少的品种。将选好的原料送入料斗中，经过带式输送机，对原料进行称量，同时进行挑选，除去带霉斑薯块和腐烂薯块。

2. 清洗

马铃薯经干式除杂机除去沙土和杂质，随后被送至滚筒式清洗机中清洗干净。

3. 去皮

清洗后的马铃薯按批量装入蒸汽去皮机，在 5～6MPa 下加温 20s，使马铃薯表面生出水泡，然后用流水冲洗外皮。蒸汽去皮对原料没有形状的严格要求，蒸汽可均匀作用于整个马铃薯表面，能除去 0.5～1mm 厚的皮层。去皮过程中要注意防止由多酚氧化酶引起的酶促褐变，可添加褐变抑制剂(如亚硫酸盐)，再用清水冲洗。

4. 切片

去皮后的马铃薯被切片机切成厚 8～10mm 的片(薯片过薄会使成品风味受到影响，干物质损耗也会增加)，并注意防止切片过程中的酶促褐变。

5. 预煮、蒸煮

蒸煮的目的是使马铃薯熟化，以固定淀粉链。先经预煮，温度为 68℃，时间为 15min；随后蒸煮，温度为 100℃，时间为 15～20min。蒸煮结束之后在混料机中将蒸煮过的马铃薯片断成小颗粒，粒度为 0.15～0.25mm。

6. 调整

马铃薯颗粒在流化床中降温，温度为 60～80℃，直到淀粉老化完成。要尽可能使游离淀粉降至 1.5%～2.0%，以保持产品原有的风味和口感。

7. 干燥、筛分

经调整后的马铃薯颗粒在流化干燥床中干燥，干燥温度为进口时 140℃，出口时 60℃，水分控制在 6%～8%。物料经筛分机筛分后，将成品送到成品间贮存，不符合粒度要求的物料，经管道输送至混料机中重复加工。

8. 包装

马铃薯全粉经自动包装机包装后，将成品送至成品库存放待销或进一步加工成系列产品。

二、马铃薯全粉系列产品

（一）原料配方

基本配方：马铃薯片 40kg、玉米渣 60kg 和调味料适量。在基本配方基础上，添加各种调味料得到各种风味膨化马铃薯全粉。

虾味：加谷氨酸钠 0.3kg、5,7-肌苷酸钠 0.2kg。

蟹味：加蟹味精 0.5kg、谷氨酸钠 0.1kg。

咖喱味：加咖喱粉 1kg。

孜然味：加孜然粉 1kg。

橘味：加橘味粉适量，糖 4kg、蛋白糖 40g。

（二）生产工艺流程

玉米→粉碎→筛分＋马铃薯片→粉碎→筛分→混合→润湿→膨化→涂衣→包装→成品

（三）操作要点

1. 原料处理

利用粉碎机粉碎干燥的马铃薯片，过筛后取 6～20 目（0.8～3.4mm）之间的碎片（细粉可以重新造粒）。玉米经粉碎后取 6～20 目之间的玉米渣。

2. 混合

将上述粉碎后的马铃薯粉和玉米渣进行混合，使之均匀一致，然后加入 3%～5%的水进行润湿。

3. 膨化

将上述润湿的物料送入膨化机中进行膨化处理。膨化后可作为产品进行包装，称为马铃薯酥。

4. 涂衣

原料配比：可可粉 40g、可可脂 15g、糖 45g。将上述原料混合溶化后涂衣成型，然后进行包装。产品称为巧克力酥。

（四）成品质量标准

1. 感官指标

马铃薯酥：外观为金黄色膨松状圆棍（或环状），具有各种特有风味的酥脆产品。

巧克力酥：外观为褐色、光滑和有光泽的小球，具有巧克力特有香味和甜味的食品。

2. 理化指标

水分≤8%，蛋白质≥8%。

3. 微生物指标

细菌总数≤100个/g，大肠菌群≤30个/100g，致病菌不得检出。

三、马铃薯颗粒粉

马铃薯颗粒粉是脱水的单细胞或者是马铃薯细胞的聚合体，含水量约为7%。它可根据需要和爱好重新制成与热水混合的马铃薯泥或湿的含牛奶的制品。

（一）生产工艺流程

马铃薯→清洗→去皮→修整→切片→蒸煮→捣碎→混合→冷却→调整→混合→干燥→过筛→添加食品添加剂→干燥→成品

（二）操作要点

1. 原料处理

将马铃薯洗涤干净，由去皮机去皮，通过人工检查和修整，然后切成厚度为1.6～1.9cm的薯片，这样可保证薯片在蒸煮时的均匀一致。

2. 蒸煮

用一条输送带，将1.6～1.9cm厚的马铃薯片从正常大气压蒸汽中通过，起到蒸煮作用。蒸煮时间长短根据原料品种和码放的厚度而定，一般需要30～40min。

3. 捣碎、混合

将蒸煮过的马铃薯捣碎，与回填的马铃薯细粒进行混合，使之均匀一致。操作时要注意避免马铃薯细胞粒破碎，达到成粒性好的要求，即成品中大部分为单细胞颗粒。作为回填物，应含有一定量的单细胞颗粒，能吸收更多的水分。通过捣碎与回填，并采用保温静置的方法，可以明显地改进湿混合物的成粒性，并使混合物的水分含量由45%降低到35%。实验证明，湿混合物在5.8℃时静置可产生20%的小于70目的产品，而在3.9℃下静置能产生62%的同样大小的产品。不论是湿混合物还是马铃薯淀粉胶质，通过静置均可以减少其可溶性淀粉的含量，降低淀粉的膨胀力。静置所发生的一些结块，可以通过最后的混合搅拌解决。

4. 干燥

可以用气流干燥机进行干燥。这种气流干燥机所使用气流速度相当小，因而对产品的细胞破坏也小。如果气流速度过大，就会损伤淀粉颗粒。

5. 过筛

当干燥到马铃薯颗粒含水量为12%～13%时过筛，60～80目的颗粒用作回填物。过筛后的细粉也可部分作回填物；另一部分作为成品，需进一步在流化床上进行干燥，干燥时间为10～30s，使薯粒含水量降到6%左右。

6. 添加食品添加剂

按20%～30%的亚硫酸钠，5%～28%的钾明矾或铵明矾，45%～60%的精盐配成添加剂，用淀粉作载体，添加200mg/kg的亚硫酸盐，基本上可抑制成品的非酶褐变。为防止马铃薯颗粒的氧化变质，可采用一些抗氧化剂，如丁基羟基茴香醚、丁代羟基甲苯等，其适用量为1～5mg/kg。其添加方法是：将抗氧化剂与部分马铃薯细粒混合，制成5mg/kg的抗氧混合物，然后加入马铃薯细粒，使之达到合适浓度。

四、马铃薯老年营养粉

(一)原料配方

马铃薯全粉72%、大豆蛋白粉10%、强化奶粉12%、玉米油5.5%、魔芋精粉0.5%。

(二)生产工艺流程

原料→混合→膨化→粉碎→筛分→混合→包装→成品

(三)操作要点

1. 配方设计依据

该配方主要考虑老年人的营养需要,适当地考虑防治老年性疾病、延缓衰老的需要。主要根据是2016年中国营养学会修订的膳食营养素的供给量、《食品营养强化剂使用标准》,并参考联合国粮农组织和世界卫生组织制定的食品规范,同时考虑到各强化剂的生物利用度、加工保存中的损失及强化剂毒理试验结果。

2. 基本配方的选定

主要是根据老年人膳食低胆固醇、低热量、低脂肪、低盐、低糖,高质量蛋白质,适量的无机盐、维生素,必需氨基酸、必需脂肪酸平衡的原则,最终确定马铃薯全粉、大豆蛋白粉、玉米油、魔芋精粉、奶粉及其含量。

3. 强化剂的选择

对奶粉进行强化应用的营养素主要是与老年人密切相关的元素和维生素,这些营养素主要有维生素A、维生素D、维生素E、硒(富硒麦芽粉)、钙、铁(乳酸亚铁)、锌(葡萄糖酸锌)。

(四)成品质量标准

1. 感官指标

产品为淡黄色,具有奶粉和大豆特有香味的粉末产品。

2. 理化指标

粒度≤80目,每100g营养粉的各营养素含量:水分<8g、蛋白质15~17g、脂肪8.5~9.5g、铁5~7mg、锌6.5~8.5mg、食物纤维2.0~2.2g、硒22~28μg、钙350~450mg、视黄醇当量350~450μg、维生素E 4~6μg、维生素C 35~55mg、维生素D 5~7mg、乳酮糖500~700mg。

3. 微生物指标

细菌总数≤20 000个/g,大肠菌群≤40个/100g,致病菌不得检出。

五、片状脱水马铃薯粉

片状脱水马铃薯粉是由去皮、煮熟的马铃薯经干燥制成的,可作脱水方便食品直接食用,也可作其他食品加工的原料。食用时,将其掺和三四倍的热开水(或水和牛奶的混合物),经过0.5~1min,就可制成可口的马铃薯泥。此外,干马铃薯泥也被应用到许多浓缩食品中。

(一)生产工艺流程

马铃薯→清洗→去皮→切片→预煮→冷却→蒸煮→磨碎→加食品添加剂→干燥→粉碎→包装→成品

（二）操作要点

1. 原料选择

去除发芽、发绿以及腐烂、病变的马铃薯块。如有发芽或变绿的情况，必须将发芽或变绿的部分削掉，或者完全剔除才能使用，以保证马铃薯制品的龙葵素含量不超标，否则将危及人身安全。

2. 清洗

可以人工清洗，也可以利用机械进行清洗。若是流水作业，一般先将原料倒入进料口，在输送带上拣出烂薯、石子、沙粒等，清理后，通过流送槽或提升斗送入洗涤机中清洗。清洗通常是在鼠笼式洗涤机中进行擦洗。洗净后的马铃薯转入带网眼的运输带上沥干，然后送去皮机去皮。

3. 去皮

去皮的方法有手工去皮、机械去皮、碱液去皮和蒸汽去皮等。

（1）手工去皮　一般用不锈钢刀去皮，效率很低。

（2）机械去皮　使用涂有金刚砂、表面粗糙的转筒或滚轴，借摩擦的作用擦去皮。常用的设备是擦皮机，可以批量或连续生产。

（3）碱液去皮　将马铃薯放在一定浓度和温度的强碱液溶液中处理一定时间，软化和松弛马铃薯的表皮和芽眼，然后用高压冷水喷射冷却和去皮。碱液去皮的适宜浓度为15%～30%，温度为70℃以上。

（4）蒸汽去皮　将马铃薯在蒸汽中进行短时间处理，使马铃薯的外皮生出水泡，然后用流水冲去外皮。蒸汽去皮能均匀地作用于整个马铃薯表面，大约能除去5mm厚的皮层。

4. 切片

一般把马铃薯切成1.5mm厚的薄片，以使其在预煮和冷却期间能得到均匀的热处理。切片薄一些虽然可以除去糖分，但会使成品风味受到损害，固体的损耗也会增加。

5. 预煮

预煮不仅可以用来破坏马铃薯中的酶，防止块茎变黑，还可以得到不发黏的马铃薯泥。薯片一般在71～74℃的水中加热20min，预煮后的淀粉必须糊化彻底，这样冷却期间淀粉才会老化回生，减少薯片复水后的黏性。

6. 冷却

用冷水清洗蒸煮过的马铃薯，把游离的淀粉除去以避免其在脱水期间发生黏胶或烤焦，使制得的马铃薯泥黏度降到适宜的程度。

7. 蒸煮

将冷却处理过的马铃薯片在常压下用蒸汽蒸煮30min，使其充分糊化。

蒸煮的方法有三种：第一种，通过传送带，把马铃薯送入维持在大气压蒸汽温度下的蒸汽中进行蒸煮，这种设备很难清理并占据相当大的空间。第二种，把蒸汽直接注入螺旋输送蒸煮器来蒸煮，时间为15～60min，一般为30min。第三种，在蒸煮装置中注入蒸汽，它使用两个逆转的螺旋，使马铃薯片的表面露向蒸汽，得到均匀软化的马铃薯。蒸煮过度虽然生产率高，但成品组织不良；蒸煮不足，则会降低产品得率。

8. 磨碎

马铃薯在蒸煮后立即磨碎，以便很快与添加剂混合，并避免细胞破裂。使用的机械一般是螺旋形粉碎机或带圆孔的盘式破碎机。

9. 加食品添加剂

在干燥前把添加剂注入马铃薯泥中，以便改良其组织，并延长货架寿命。一般使用的添加剂有亚硫酸氢钠，防止马铃薯的非酶褐变；甘油酸酯，可提高产品的分散性。另外，添加一定量的抗氧化剂，可延长马铃薯泥的保藏寿命；添加薯片重0.1%的酸式焦磷酸钠，可阻止由铁离子引起的变色。如果生产强化马铃薯片，每份马铃薯片(85g)中可添加维生素C 75mg、维生素B 23mg、尼克酸20mg、维生素A 1 200国际单位。

10. 干燥

马铃薯泥的干燥可在单滚筒干燥机或配有4～6个滚筒的单鼓式干燥机中进行。干燥后，可以得到最大密度的干燥马铃薯片，其含水量在8%以下。

11. 粉碎

干燥后的马铃薯片可用锤式粉碎机粉碎成鳞片状，它是一种具有合适的组织和堆积密度的产品。

(三)成品质量标准

1. 感官指标

产品为粒状，白色或淡黄色。

2. 理化指标

含水量在8%以下。

3. 微生物指标

细菌总数≤1 500个/g，大肠菌群≤10个/g，无金黄色葡萄球菌，酵母和霉菌数≤10个/g。

任务四 马铃薯粉丝、粉条和粉皮加工技术

一、马铃薯粉条

以马铃薯淀粉为原料制作粉条，工艺简单，投资不大，设备不复杂，适合乡镇企业、农村作坊和加工专业户生产。

(一)原料配方

马铃薯淀粉60%，明矾0.3%～0.6%，其余为水，冲芡淀粉∶温水∶沸水为1∶1∶1.8。

(二)生产工艺流程

淀粉→冲芡→和面→揉面→漏粉→冷却、清洗→阴晾、冷冻→疏粉、晾晒→成品

(三)操作要点

1. 冲芡

选用含水量40%以下、质量较好、洁白、干净、呈粉末状的马铃薯淀粉作为原料，加温水搅拌。在容器(盆或钵即可)中搅拌成糨糊状，然后将沸水猛冲入糨糊中(否则会产生疙瘩)，同时用木棒顺着一个方向迅速搅拌，以增加糊化度，使之凝固成团状并有很大黏性为止。芡的作用是在和面时把淀粉粘连起来，至于芡的多少，应根据淀粉的含量、外界温度的高低和

水质的软硬程度来决定。

2. 和面

和面通常在搅拌机或简易和面机上进行。为增加淀粉的韧性，便于粉条清洗，可将明矾、芡和淀粉三者均匀混合，调至面团柔软发光。和好的面团中含水量为48%～50%，温度为40℃左右，不得低于25℃。

3. 揉面

和好的面团中含有较多的气泡，通过人工揉面排除其中气泡，使面团黏性均匀，也可用抽气泵抽去面团中的气体。

4. 漏粉

将揉好的面团装入漏粉机的漏瓢内，机器安装在锅台上。锅中水温为98℃，水面与出粉口平行，即可开机漏粉。粉条的粗细由漏粉机孔径的大小、漏瓢底部至水面之间的高度决定，可根据生产需要进行调整。

5. 冷却和清洗

粉条在锅中浮出水面后立即捞出，投入到冷水中进行冷却、清洗，使粉条骤冷收缩，增加强度。冷浴水温不可超过15℃，冷却15min左右即可。

6. 阴晾和冷冻

捞出来的粉条先在3～10℃下阴晾1～2h，以增加粉条的韧性，然后在-5℃的冷藏室内冷冻一夜，目的是防止粉条之间相互粘连，降低断粉率，同时可用硫磺熏粉，使粉条增加白度。

7. 疏粉、晾晒

将冻结成冰状的粉条放入20～25℃的水中，待冰融化后轻轻揉搓，使粉条成单条散开后捞出，挂在架上晾晒，气温以15～20℃为最佳。气温若低于15℃，则最好无风或微风。待粉条含水量降到20%以下便可收存，自然干燥至含水量16%以下即可作为成品进行包装。

(四)成品质量标准

粉条粗细均匀，有透明感，不白心、不黏条，长短均匀。

二、无冷冻马铃薯粉丝

(一)生产工艺流程

淀粉→打芡→和面→漏粉→冷漂→晾晒→包装→成品

(二)操作要点

1. 打芡

将少量马铃薯湿淀粉用热水(50℃)调成稀糊状(淀粉和水的比例为1∶2)，再加入少量沸水使其升温，然后用大量沸水猛冲，并用木棍或竹竿等不断搅拌。如果利用机械，可开动搅拌器进行搅拌。约10min后，粉糊即被搅拌成透明的糊状体，即为粉芡。

2. 和面

待粉芡稍冷后，加入0.5%的明矾(配成水溶液)和其余的马铃薯淀粉，利用和面机进行搅拌，将其揉成均匀细腻、无疙瘩、不黏手、能拉成丝状的软面团。粉芡的用量占和面的比例：冬季为5%，春、夏、秋季为4%左右。和面温度以30℃左右为宜，和成的面团含水量为48%～50%。

3. 漏粉

将水入锅加热至97～98℃后，将和好的面团放入漏粉机的漏瓢内，漏瓢距离水面55～65cm，开动漏粉机，借助于机械的挤压装置使面团通过漏瓢的孔眼不间断地被拉成粉丝落入锅内凝固，待粉丝浮出水面时，随即捞入冷瓢缸内进行冷却。漏粉过程中应勤加面团，使面团始终占据漏瓢容积的2/3以上，以确保粉丝粗细均匀。粗细均匀的粉丝不仅外观好，而且利于食用。

4. 冷漂

将粉丝从锅中捞出，放入冷水缸内进行冷却，以增加粉丝的弹性。粉丝冷却后用小竹竿卷成捆，放入加有5%～10%酸浆的清水中浸泡3～4min，捞起晾透，再用清水浸漂一次(最好能放在浆水中浸10min，搓开相互黏结的粉丝)。酸浆的作用是漂去粉丝上的色素和黏性，增加粉丝的光滑感。

5. 晾晒

将浸漂好的粉丝运到晒场挂晒绳或晒杆上晾晒，随晒随抖开，当粉丝晾晒到快干而又未干时(含水量为13%～15%)，即可入库包装，继续干燥后即为成品。

三、精白粉丝、粉条

(一)生产工艺流程

精淀粉
↓
粗淀粉→清洗→过滤→精制→打芡→调粉→漏粉→冷却→漂白→干燥→成品

(二)操作要点

1. 淀粉清洗

将淀粉放在水池里，加注清水，用搅拌机搅成淀粉乳液，让其自然沉淀后，放掉上面的废水及杂质，把淀粉铲到另一个池子里，清除底部泥沙。

2. 过滤

把淀粉完全搅起，徐徐加入澄清好的石灰水，其作用是使淀粉中的部分蛋白质凝聚，保持色素物质悬浮于溶液中易于分离，同时石灰水的钙离子可降低果胶之类胶体的黏性，使薯渣易于过筛。把淀粉乳液搅拌均匀，再用120目的筛网过滤到另一个池子里沉淀。

3. 精制

放掉池子上面的废液，加注清水，把淀粉完全搅起，使淀粉乳液成中性，用亚硫酸溶液漂白。漂白后用碱中和，中和处理时残留的碱性可以抑制褐变反应活性成分。在处理过程中，通过几次搅拌沉淀可以把浮在上层的渣及沉在底层的泥沙除去。经过脱色漂白后的淀粉洁白如玉、无杂质，置于贮粉池内，上层加盖清水，贮存待用。

4. 打芡

先将淀粉总量的3%～4%用热水调成稀糊状，再用沸水猛冲调好的稀糊，快速搅拌约10min，调至粉糊透明均匀即为粉芡。为增加粉丝的洁白度、透明度和韧性，可加入绿豆、蚕豆或魔芋精粉打芡。

5. 调粉

首先在粉芡内加入0.5%的明矾，充分混合均匀后再将剩余96%～97%的湿淀粉和粉芡混合,搅拌好并揉至无疙瘩、不黏手,成能拉的软面团即可。

6. 漏粉

将面团放在带小孔的漏瓢中,漏瓢挂在开水锅上方,在粉团上均匀加压力(或振动压力)后,透过小孔,粉团即漏下成粉丝或粉条。把它浸入沸水中,遇热凝固成丝或条。此时应不停搅动,或使锅中水缓慢向一个方向流动,以防丝或条黏着锅底。漏瓢距水面的高度依粉丝的细度而定,一般为55～65cm,高则条细,低则条粗。如在漏粉之前将粉团进行抽真空处理,则加工成的粉丝表面光亮,内部无气泡,透明度高、韧性好。

粉条和粉丝制作工艺的区别还在于制粉丝用芡量比制粉条的多,即面团稍稀。所用的漏瓢筛眼也不同,粉丝用圆形筛眼,较小;制粉条的瓢眼为长方形筛眼,且较大。

7. 冷却、漂白

粉丝(条)落到沸水锅中,在其将要浮起时,用小杆(一般用竹制的)挑起,拉到冷水缸中冷却,增加粉丝(条)的弹性。冷却后,再用竹竿绕成捆,放入酸浆中浸3～4min,捞起凉透,再用清水漂过。最好是放在浆水中浸10min,搓开相互黏着的粉丝(条)。酸浆的作用是可漂去粉丝(条)上的色素或其他黏性物质,增加粉丝的光滑度。为了使粉丝(条)色泽洁白,还可用二氧化硫熏蒸漂白。二氧化硫可用点燃硫磺块制得,熏蒸可在专用的房间中进行。

8. 干燥

浸好的粉丝、粉条可运往晒场,挂在绳上,随晒随抖散,使其干燥均匀。冬季晒粉采用冷干法。粉丝、粉条经干燥后,可取下捆扎成把,即得成品,包装备用。

另外,在以马铃薯淀粉为原料制作粉丝、粉条的过程中,不同工艺过程生产出的产品质量有很大差异,这是由淀粉糊的凝沉特点所决定的。马铃薯淀粉糊的凝沉性受冷却速度的影响(特别是高浓度的淀粉糊)。若冷却、干燥速度太快,淀粉中的直链淀粉来不及结成束状结构,易结合成凝胶体的结构;若凝沉,淀粉糊中的直链淀粉成分排列成束状结构。采用流漏法生产的粉丝较挤压法生产的好,表现为粉丝韧性好、耐煮、不易断条。挤压法生产的产品虽然外观挺直,但吃起来口感较差,发"倔"。流漏法工艺漏粉时的淀粉糊含水量高于挤压法,流漏出的粉丝进入沸水中又一次浸水,充分糊化,含水量进一步提高。挤压法使用的淀粉糊含水量较低,挤压成型后不用浸水,直接挂起晾晒,因而挤压法成品干燥速度较流漏法快,这样不利于直链淀粉形成束状结构,影响了产品的质量。

(三)成品质量标准

粉丝和粉条均要求色泽洁白,无可见杂质,丝条干脆,水分不超过12%,无异味,烹调加工后有较好的韧性,丝条不易断,具有粉丝、粉条特有的风味,无生淀粉及原料气味,符合食品卫生要求。

四、马铃薯粉丝新制法

一般制作粉丝时是先将少量淀粉糊化,然后将糊化淀粉同适量热水和凉水一起与剩下的大量干淀粉混合,制成流动性的粉丝生面,再用挤压的方法将淀粉制成粉丝或面条状,经冷却除水,冷冻干燥制成干燥粉丝。现介绍一种不需要进行淀粉糊化即可制成粉丝的新方法:在100份淀粉中添加2～5份(质量分数)α-化淀粉,添加时是与温水一同添加,边添加边搅拌,直至淀粉成奶油状即可使用。

实例:将87.5kg马铃薯淀粉、87.5kg甘薯淀粉与6kg α-淀粉混合,混合是用100L 60℃

的温水进行的。用混合机处理 20min 即得到奶油状淀粉。再用 9mm 有孔桥挤压装置将上述淀粉压成粉丝，出来的粉丝需通过 100℃ 的热水槽，时间为 30s，这样就得到了糊化的粉丝。将粉丝用凉水冷却，再经冷却干燥即得成品。这样得到的粉丝外观均一且有韧性。

五、马铃薯西红柿粉条

本产品是以马铃薯淀粉和西红柿为主要原料生产的，所得的产品颜色呈淡红色、口感好，有西红柿特有的香气。此产品制作工艺简单、生产难度不大，适合于乡镇企业、农村作坊以及加工专业户选用。

（一）原料配方

马铃薯淀粉 60%，西红柿浆 3%，明矾 0.3%～0.6%，食盐 0.01%～0.02%，其余为水。

（二）生产工艺流程

西红柿→打浆→均质→马铃薯淀粉→冲芡→和面→揉面→漏粉→冷却、清洗→阴晾和冷冻→疏粉、晾晒→成品

（三）操作要点

1. 西红柿选择

所选用的西红柿一定要饱满、成熟度适中、香气浓厚、色泽鲜红。

2. 打浆

将清洗干净的西红柿切成小块，放入打浆机中初步打碎。

3. 均质

将初步打碎的西红柿浆倒入胶体磨中进行均质处理，得到西红柿浆液备用。

4. 冲芡

选用优质的马铃薯淀粉，加温水搅拌，在容器中搅拌成糨糊状，然后将沸水向调好的稀粉糊中猛冲，快速搅拌，时间约 10min，调至粉糊透明均匀即可。

5. 和面

和面通常在搅拌机或简单和面机上进行。将西红柿浆、明矾、干淀粉按配方规定的比例倒入粉芡中，混合均匀，调至面团柔软发光。和好的面团中要求含水量在 48%左右，温度不得低于 25℃。

6. 漏粉

将揉好的面团放入漏粉机的漏瓢内，机器安装在锅台上。待锅中水的温度为 98℃、水面与出粉口平行即可开机漏粉。粉条下条过快并易出现断条，说明粉团过稀；若下条太慢或粗细不均匀，说明粉团过干，均可通过加粉或加水进行调整。粉条入水后应经常搅动，以免粘锅底。漏瓢距水面的距离一般为 55～65cm。

7. 冷却、清洗

粉条在锅中浮出水面后立即捞出，投入到冷水缸中进行冷却、清洗，使粉条骤冷收缩，这样可以增加强度。冷水缸中的温度不可超过 15℃，冷却 15min 左右即可。

8. 阴晾和冷冻

捞出来的粉条先在 3～10℃环境下阴晾 1～2h，以增加粉条的韧性，然后在－5℃的冷藏室内冷冻 12h，目的是防止粉条之间相互粘连，以降低断粉率。

9. 疏粉、晾晒

将冻结成冰状的粉条放入20～25℃的水中，待冰融化后轻轻揉搓，使粉条成单条散开后捞出，放在架上晾晒，气温以15～20℃为最佳。自然干燥至粉条的含水量在16%以下时即可作为成品进行包装。

（四）成品质量标准

粉条粗细均匀，有淡红颜色，不黏条，长短均匀，口感好，有西红柿香气。

六、鱼粉丝

（一）材料、设备

原料：鲢鱼或草鱼、马铃薯淀粉、明矾（食用级）、食盐和食用油。

主要设备：胶体磨粉丝成型机、制冷设备和烘箱。

（二）生产工艺流程

鱼的预处理→配料→熟化、成型→冷冻、开条＋烘干→包装→成品

（三）操作要点

1. 原料要求

选用质量较好、洁白、干净、含水量在4%以下的马铃薯淀粉；鲢鱼或草鱼要求鲜活，每尾重2kg左右，取自无污染水源。

2. 鱼的预处理

先冲洗干净鱼的外表，剖去内脏、鳃、鳞。把鱼切成块状，连鱼皮、鱼骨一起破碎，再经胶体磨把鱼浆中的大颗粒磨碎，以便更好地与马铃薯淀粉混合均匀，使鱼粉丝不易断条。

3. 配料

鱼浆用量为马铃薯淀粉的30%～40%，加入3%～5%的明矾、少许食盐和食用油，再加入与马铃薯淀粉等量的水混合，调成糊状备用。

4. 熟化、成型

将调好的鱼淀粉糊加入粉丝成型机中，经机内熟化、成型后便得到鱼粉丝，用接粉板接着，放入晒垫中冷却至室温。

5. 冷冻、开条

将冷却至室温的鱼粉丝放入冷冻机中，在－5℃下冷冻4～8h（若室外温度在－5℃以下，则可放在室外冷冻一夜），取出鱼粉丝，放入冷水中解冻开条。

6. 烘干

开条后的鱼粉丝放在40～60℃烘箱里热风干燥或在室外晒干至含水量为15%。注意干燥不能过快，以免鱼粉丝外表蒸发干硬而内部水分还没有蒸发掉，造成产品易断条。

7. 包装

把干燥后的鱼粉丝放在地上或晒垫上让其回湿几小时后再打扎，以免太干造成断条。打扎时以每根长60cm、粗0.1cm为最佳，规格为100g一扎，400g一包。用塑料袋装好即为成品。

（四）工艺特点

（1）本工艺采用破碎、磨碎的方法使鱼肉、鱼皮与鱼骨都得到充分磨碎，使其颗粒度较小，从而使鱼与淀粉得到充分混合。鱼皮、鱼骨的存在使产品含矿物质多，粉丝营养更加丰富；同时由于胶质的增加，质量更佳，不易断条，降低了成本，提高了鱼的利用率。

(2)在熟化成型等工艺中采用内熟化式粉丝成型机,把传统的手工操作外熟法改为机械的内熟法,提高了生产率,降低了劳动强度,使质量容易控制,产品质量优于传统的漏粉工艺。

(3)传统的解冻是用冷水进行的,解冻时断条比较多,出粉率低。本工艺采用了人工冷冻方法,耗能并不高,不受天气影响,四季都可以生产。人工冷冻容易掌握,而且鱼粉丝有质量高、卫生、断条少、出粉率高的优点。

七、包装粉丝

粉丝的一般制法是将淀粉调制成面团,通过细孔压出粉丝,落入 90～95℃的热水中糊化,冷却后切成 1～1.5m 长,用杆子悬挂冷冻,然后解冻、干燥。装袋前将粉丝切成 20～25cm 长,经手工计量、包装,制成产品。这种加工方法是先将糊化粉丝冷冻、解冻、干燥,最后切成所需长度,但由于在沸水中淀粉完全糊化,致使粉丝发脆,手工作业时损耗率很高。

为了降低粉丝的损耗率,曾采用过非完全糊化法,即将粉丝加热至 90～95℃。这种制法虽然降低了粉丝的损耗率,但由于粉丝未完全糊化,制品透明度差,影响了商品价值,而且烹饪时必须放入沸水中煮 5min 左右。

为了解决上述问题,科研工作者对粉丝制法进行了研究,即先将糊化粉丝冷却,按包装时所需长度切断,将切断的粉丝和水一起填充到计量斗中,然后冷冻、解冻、干燥。但是,在将冷却的糊化粉丝按包装所需长度切断时,由于未经过冷冻、解冻、干燥工序,致使粉丝未充分固化,不易切断。而且,在冷冻、解冻、干燥工序中,粉丝会结团,冷冻不均匀。

科研工作者经过研究发现,将糊化粉丝按以往方法加工,在冷却后切成 1～1.5m 长,悬挂冷冻、解冻,然后将切割的粉丝通过 40～80℃的热水槽,使其复水变软,可顺利地定量填充。

具体方法为:先将淀粉与水充分混合,调制成面团,通过细孔挤压成粉丝,将粉丝通过 100℃的沸水使之完全糊化,成为透明的糊化粉丝。冷却后切割成 1～1.5m 长,悬挂冷冻,解冻后得到固化粉丝,切割成 25～30cm 长,装入料斗中,从 40～80℃的热水槽中通过,时间为 10～60s,使粉丝复水稍微变软,接着送入分割机中。分割机的下部设有旋转式计量斗,可定量填充粉丝。然后将定量填充粉丝的计量斗放入干燥机内干燥,取出后用袋包装即可。

用干燥机干燥时,可将定量填充粉丝的计量斗输送到干燥机中,也可将分割机下部的旋转式计量斗直接与干燥机相连,自动输送到干燥机中,这样可进一步提高效率。利用本方法可使包装自动化,提高了生产效率,同时降低了因粉丝断头而产生的损耗,提高了出品率。

加工的粉丝在食用时,只要放进热水中便可拆解,烹饪时也非常方便。

八、蘑菇-马铃薯粉丝

(一)原料配方

精制马铃薯淀粉 1.6kg,水 800mL,羧甲基纤维素 60g,精盐 10g,白糖适量,蛋白适量,自制干蘑菇粉 25g。

(二)生产工艺流程

蘑菇→清洗→干燥→粉碎→混合配料→成型→冷却→成品

(三)操作要点

1. 蘑菇处理

首先选用优质的蘑菇,用水洗净,晾干后选用干净的干蘑菇粉碎、过筛,得到蘑菇粉。

2. 粉丝生产

准确称取各种生产原、辅料，加水搅拌均匀，防止出现干的颗粒淀粉。然后将粉丝机通电加热，使水箱中的水温至95℃以上（自熟式粉丝机有带水箱和不带水箱的两种，不带水箱的开机时即可投料生产），把和好的淀粉倒入粉丝机的料斗中即可开机生产。从粉丝机口出来的热粉丝要让其达到一定长度，并经过出口风扇稍加吹凉后，再用剪刀剪断，平放在事先备好的竹席上，于荫凉处放置6～8h，然后少洒些凉水或热水，略加揉搓，晾晒至干即可。

（四）注意事项

自熟式粉丝机在生产过程中如果和粉与水箱温度不当，极易出现黏条现象。一旦出现这种情况，可马上在和好的淀粉中加入适量的粉丝专用疏松剂。

在配料过程中，可以加入适量粉丝增白剂与增筋剂，以改善粉丝色泽，提高粉丝筋力，以制得高质量、风味独特的粉丝。

九、马铃薯无矾粉丝

一般的马铃薯粉丝中均要添加一定量的明矾，甘肃省天水市引进上海龙峰机械设备制造有限公司生产的新型粉丝机，对传统粉丝加工技术进行了改进，取得了无矾粉丝生产新技术。

（一）生产工艺流程

马铃薯淀粉→打芡→和粉→上料→熟化＋试粉→散热→剪粉→摊晾→开粉→干燥→包装→成品

（二）操作要点

1. 水箱加热

加工粉丝前，先将加满水的水箱加热到设定温度。为减少水箱水垢和加热时间，可加入预先烧开的热水。加工纯马铃薯淀粉时可将温度设定为85℃左右。当温度指针指向设定温度时按下加热按钮，指针复零，反复2次，指针指到设定温度时加热完成。

2. 清洗

每次生产前在料斗内加入1小桶清水，启动预热的机器，将上次加工的剩料和残余物清洗干净。

3. 和粉

将打好的稀芡糊加入和粉机，再加入适量的新鲜淀粉（干湿均可）和配好的添加剂，在和粉机搅拌的同时缓慢地加入清水。先加水后加粉的粉浆容易结块。粉浆以用手抓起后放开自动成线即可。

4. 熟化

将和好的粉浆加入料斗，打开阀门后，按下启动按钮，约5s后停止，使粉浆充满螺旋加热桶，约5min后粉浆充分熟化。

5. 试粉

粉浆充分熟化后开动机器，调整调节阀开口，熟化的粉团从阀口挤出，成扁平状、手指粗细时即可安装模板生产。模板安装前应先预热到60℃左右，并在模板表面涂适量的食用油。

6. 散热

粉丝从模孔挤出30cm左右时打开散热鼓风机，使粉丝充分散热。用双手轻拍粉丝束，使整束粉丝成扁平状，以便于摊晾。

7. 剪粉

当粉丝达到要求的长度时，用剪刀将粉丝从模板下50cm处剪断。剪粉时手不能捏得太紧，剪口要尽量整齐。

8. 摊晾

将剪好的粉丝平摊在床上，摊床可用塑料布等铺在地上代替，整齐排放，热粉丝不得重叠，摊晾时间在6h以上，使粉丝充分冷却老化。

9. 开粉

将充分老化的粉丝用手从中间握住，放置于清水中轻轻摆动，粉丝束会自然分开成丝，剪口等粘连处可用手轻轻揉搓。

10. 干燥

将分开成丝的粉丝放置在预先做好的架子或铁丝上自然晾干，也可进入烘房烘干。

11. 包装

粉丝即将干燥时较柔软，可按要求包扎成小把，等完全干燥后即可包装入库。

（三）常见问题和解决办法

1. 断条

(1)主要原因　粉丝从模板挤出后挂不住，容易断。出现这种现象的原因主要是粉浆太稀，加热温度不够或调节阀开口太大。

(2)解决办法　加稠粉浆，调节温度，调整调节阀开口，使粉浆充分熟化。

2. 粉丝从模板挤出后黏结，模板口出现气泡

(1)主要原因　加热温度过高。

(2)解决办法　调低温度，同时在水箱内加入冷水。

3. 粉丝黏结

粉丝束在清水中浸泡揉搓仍然黏结。

(1)主要原因　冷凝时间不够或和粉时加入的分离剂不够。

(2)解决办法　充分冷却老化，和粉时加入适量的分离剂。常用的分离剂有麦芽粉等。

4. 粉丝易糊，不耐煮

(1)主要原因　粉浆过熟、不熟或耐煮剂加入不够。

(2)解决办法　调整并确定加热温度。和粉时加入适量的耐煮剂，常用的耐煮剂有强面筋或速溶蓬灰。

（四）新技术生产粉丝的优点

1. 生产的粉丝直径小

传统粉丝加工采用先成型后熟化的生产工艺，由于马铃薯淀粉熟化前的黏度较低，生产的粉丝最小直径一般在1～1.5mm之间。新技术采用先熟化后成型的生产工艺，生产的粉丝最小直径可达0.5mm。

2. 可生产无矾粉丝

加工传统粉丝时，为了增强粉丝的耐煮性和强度，和粉时需加入一定的明矾。医学研究表明，长期食用明矾可导致多种疾病。采用新技术加工时，只需加入适量强面筋或速溶蓬

灰，在保证粉丝筋强、耐煮的同时，又满足了人们对食品健康、安全的要求。

3. 实现粉丝的四季生产

加工传统粉丝受气温限制，夏季开粉困难。采用新技术和粉时，添加可食用的淀粉分离剂，克服了夏天开粉难的问题，使粉丝生产不受季节限制。

4. 产品的质量和经济效益更高

采用新技术生产的粉丝精白透亮，可直接加工新鲜的湿淀粉，同时所需操作人员少，降低了加工成本，提高了经济效益。

十、马铃薯方便粉丝

方便粉丝的生产基本上可沿用传统的粉丝加工工艺，但要求粉丝直径在 1mm 以下，并能抑制淀粉返生，以使方便粉丝具有较好的复水性，满足方便食品的即食要求。

（一）生产工艺流程

马铃薯淀粉→打芡→和面→制粉→老化→松丝→干燥→分切→计量→包装

（二）操作要点

1. 打芡

传统的粉丝生产方法中，粉料在和面时要加入一定量的芡糊，以使粉料中的水分分布均匀，不出现浆、渣分离现象，而且打芡时要用沸水，操作难度较大。改用聚丙烯酸醇代替芡糊，效果相同。即在和面时加入原料淀粉重量 0.1%的聚丙烯酸醇，既可增稠，使粉料均匀，又可增强粉丝筋力，久煮不断。

2. 和面与制粉

在传统工艺中，原料淀粉加入芡糊后用手或低转速和面机搅拌和面。采用高转速(600r/min)搅拌机时，不用加芡糊或聚丙烯酸醇，可直接和面。

方法是：按原料淀粉重的 0.5%、0.5%和 0.3%分别准备好食油、食盐和乳化剂（单甘酯类），并用乳化剂乳化食油；先将原料淀粉及食盐装机后加盖、开机，再将经乳化后的食油、水从机体外的进水漏斗中加入，控制粉料中的含水量约为 400g/kg。每次和面仅需 10min，而且和好的面为半干半湿的块状，手握成团，落地不散。但采用此工艺和面须配合使用双筒自熟式粉丝机，不宜采用单筒自熟式粉丝机。

3. 老化与松丝

传统粉丝加工工艺中，粉丝从机头挤出后，需成束平摆在晾床上或用小棍对折挑挂于架上，静置老化 12h 以上，使粉丝充分凝沉、硬化，获得足够的韧性后再用水浸泡约 30min 后松丝。松丝通常先用脚将粉丝束踩散，再用手搓开粉丝，使其互不粘连。这种传统工艺制约了方便粉丝生产的连续化、机械化，也无法达到即食方便食品的卫生要求。此外，经水浸泡的粉丝，干燥时耗能大，晾晒或烘干时滑竿落粉严重，造成大量次品、废品。为此专门设计、定制了一套粉丝切断、吊挂、老化、松丝系统，其粉丝从机头挤出后由电风扇快速降温散热，下落至一定长度时，经回转式切刀切断，再由不锈钢棒自动对折挑起，悬挂于传送链条上，缓慢传送并进行适度老化，至装有电风扇处，由 3 台强力风扇在 20min 内将粉丝吹散、松丝。松丝后的粉丝只需在 40℃ 的电热风干燥箱内吊挂烘干 1h，便可将粉丝中的含水量降到 110g/kg 的安全线以下。

十一、耐蒸煮鸡肉风味方便粉丝

耐蒸煮鸡肉风味方便粉丝是由北京博邦食品配料有限公司推出的，一方面让特色化方便食品的鸡肉香味更明显且耐蒸煮，另一方面可以使特色方便食品的风味更稳定。

下面介绍其生产工艺及调味包制作方法。

（一）生产工艺流程

原料→制浆→糊化→制丝→老化→浸泡→松丝→清洗→脱水→烘干→成型→成品

（二）操作要点

1. 原料的选用

可以选用大米、玉米、小米以及大米淀粉、马铃薯淀粉、甘薯淀粉、豌豆淀粉、木薯淀粉、绿豆淀粉、小麦淀粉、玉米淀粉等。根据所制作的方便食品的具体要求、用途、特性和淀粉原料的特性进行复配使用。如选用相应的原料作为主要原料，则加工出来的方便食品复水性好、不断条、不浑汤，同时口感滑润度较好，弹性很好。

2. 制浆

采用80℃的热水，边搅拌边加入适量的添加剂等辅料至完全溶解，在搅拌过程中加入耐蒸煮肉粉，将其倒入淀粉原料中充分搅拌，就得到具有肉类风味的淀粉浆液。随地区风味化的发展趋势，可以酌情增加其他肉粉，用以对方便食品的特征风味进行改进，也可通过添加“博邦”9319或者“博邦”8311等产品，辅以特色的风味。这样的加工工艺完全改变了原先的方便食品坯料没有风味的不足，在方便食品同行业中纯属首例。

3. 糊化、制丝

将具有鸡肉特征风味的淀粉浆液加入粉丝机中，进行加热糊化、制丝。产品的粗细通过粉丝机的筛板更换来加以调节，可以将其制成圆形、扁形以及细丝或空心等形状。然后将挤出的粉丝剪成38cm长的段。

4. 老化

通过摊晾的方式使坯料段老化，以至于淀粉不再返生。老化时间随温度的变化而不同，通常夏天为6～8h，冬季为8～12h。

5. 浸泡

将坯料段放入40℃清水中浸泡25～35min，随后捞出、搓开，清洗后即可得到一根一根的条状产品。坯条是否筋道与添加的食品添加剂有很大关系。可以通过调整添加剂的品种和用量来提高坯料的筋道和食用的滑润程度。

6. 脱水

通过离心机快速旋转对清洗后的坯条进行脱水，然后成型，可以将其做成圆形、方形、球形、柱形和条形等新型坯饼。经过特殊的加工方式，可使其发出银亮的光泽，可谓晶莹透明。

7. 烘干

可以采用热风、微波、红外等方式进行烘干，干制后坯饼的含水量小于10%。方便食品饼经快速烘干后通常会出现返潮现象，可以通过对烘干的时间、水分的排除速度、热源供给状况等参数的调整来加以控制。一般厂家都是采用热风烘干方式加工。

（三）农家鸡汤风味调味包的制作

1. 酱包的配方

精炼棕榈油51%、鸡肉4%、湿香菇粒28%、海南白胡椒3%、“博邦”8810香精2%、鲜姜4%、大葱4%、食盐4%。

2. 酱包的制作

(1)将植物油倒入锅中,加热到96℃;

(2)加入鸡肉(经煮制后,用绞肉机绞成粒径小于3.5mm的鸡肉粒),炸至有大量泡沫时,加入葱、姜粒(用绞肉机绞成粒径小于3.5mm),再炸至温度升到105℃;

(3)加入湿香菇粒(将干香菇发水,用绞肉机绞成粒径小于3.5mm的香菇小块);

(4)炒至香菇色泽变深、发黑,温度达110℃;

(5)加入食盐和白胡椒,炒至均匀;

(6)炒开(105℃)后起锅,然后加入“博邦”8810香精,混合均匀,冷却到室温后进行包装。

3. 粉包的配方

食盐56%、味精MSC(99%)20%、I+G 1%、白糖5.8%、“汉源”大红袍花椒1.2%、奶粉7%、麦芽糊精1%、“博邦”9319香精5%、香菇粉1%、姜粉2%。

建议用法和用量:粉丝或其他方便食品坯饼68g、酱包20g、粉包8g,加90℃开水500mL,浸泡3~5min。

十二、马铃薯粉皮

粉皮是淀粉制品的一种,其特点是薄而脆,烹调后有韧性,具有特殊风味,不但可配制酒宴凉菜,也可配菜做汤,物美价廉,食用方便。粉皮的加工方法较简单,适合于土法生产和机器加工。所采用的原料是淀粉和明矾及其他添加剂。

(一)圆形粉皮

圆形粉皮是我国历史流传下来的作坊粉皮制品,加工工艺简单,劳动强度较高,工作环境较差。

1. 生产工艺流程

淀粉→调糊→成型→冷却→漂白→干燥→包装→成品

2. 操作要点

(1)调糊　取含水量为45%~50%的湿淀粉或小于13%的干淀粉,慢慢加入干淀粉量2.5~3.0倍的冷水,并不断搅拌成稀糊,加入明矾水(每100kg淀粉加明矾300g),搅拌均匀,调至无粒块为止。

(2)成型　取调成的粉糊60g左右放入旋盘内,旋盘为铜或白铁皮制的直径约20cm的浅圆盘,底部略微外凸。将粉糊加入后,即将盘浮于锅中的开水上面,并拨动使之旋转,使粉糊受到离心力的作用随之由底盘中心向四周均匀地摊开,同时受热而按旋盘底部的形状和大小糊化成型。待粉糊中心没有白点时,即连盘取出,置于清水中,冷却片刻后再将成型的粉皮脱出放在清水中冷却。在成型操作时,调粉缸中的粉糊需要不时地搅动,使稀稠均匀。成型是加工粉皮的关键,必须动作敏捷、熟练,浇糊量稳定,旋转用力均匀,才能保证粉皮厚薄一致。

(3)冷却　粉皮成熟后,可取出放到冷水缸内浮旋冷却,捞起后沥去浮水。

(4)漂白　将制成的湿粉皮放入醋浆中漂白,也可放入含有二氧化硫的水中漂白(二氧

化硫水溶液，即亚硫酸，其制备方法是燃烧硫磺块，把产生的二氧化硫气体引入水中，让水吸收即得）。漂白后捞出，再用清水漂洗干净。

（5）干燥　把漂白、洗净的粉皮摊到竹匾上，放到通风干燥处晾干或晒干。

（6）成品包装　待粉皮晾干后，用干净布擦去尘土，再略经回软后叠放到一起，即可包装上市。

3. 成品质量标准

干燥后的粉皮，要求其水分含量不超过12%；干燥，无湿块；不生、不烂、完整不碎；直径为20～21.5mm。

（二）机制粉皮

机制粉皮是20世纪90年代中期研究开发的新产品，取代了手工作业，提高了生产效率，改善了劳动环境，增大了生产能力，改变了粉皮形态，提高了产品质量，实现了流水线作业，是淀粉制品的一次技术革命。

1. 成套设备

粉皮机是一套连续作业的成套设备，它由调浆机、成型金属带、蒸箱、冷却箱、刮刀、金属网带干燥装置、切刀、传动机构、蒸箱供热系统、烘箱供热系统等组成。

（1）调浆机　是不锈钢制作的两个浆料桶，口径为500mm，高为700mm，桶内设置有电动搅拌器，不时保持搅拌，使淀粉糊不易沉淀。可直接在调浆机中配料，也可预先配好浆料后置入调浆机。

（2）成型金属带　采用铜带（或不锈钢），宽度为480～500mm，采用铆钉连接，银焊条处理接头。

（3）蒸箱　箱体采用冷轧板制作，底部设置散热管（铜管或不锈钢管），箱体上设计有支撑辊轴，以承接金属带，上盖是双层内加珍珠岩的保温盖，呈“人”字形。盖中间有一凹形槽以使金属带从中间通过。其加热原理是：蒸汽或烟气通过进气口进入金属散热管，从出口排出，金属散热管将温度传递给蒸箱内的水，使水升温高，利用水蒸气使金属带上的粉皮成型、熟化。

（4）冷却箱　采用冷轧板制作而成，内设2～3根均布的多孔管，以及支撑金属带的辊轴。多孔管将冷水喷射到金属带的下部，以使带上的粉皮冷却。

（5）刮刀　用冷轧板制成，设计有支架和弹簧压紧装置，以保持刮刀刃面与金属带接触。

（6）金属网带干燥装置　箱体用冷轧板制作而成（1节2m，共10节，总长度为20m左右），内装珍珠岩保温；金属网带采用不锈钢网，宽450～500mm，网带数量为3～4条；匀风板是0.75mm的白铁皮制作的空心板，板的上下分布有3mm左右的孔，以起匀风作用。

（7）切刀　采用耐磨的合金钢制作而成，一根转轴上设置2块或4块刀片，刀片的安装位置可以调整。

（8）传动机构　粉皮机金属带和不锈钢网带采用磁力调速电机带动，利用三角带和链轮传动，速度匹配一致，带速可根据温度和产量任意调整。

（9）蒸箱供热系统　有条件的企业可采用蒸汽，压力不能低于450kPa。一般采用手烧炉，其烟道通过蒸箱的散热管加热蒸箱内的水。通过手烧炉气管中的热空气（净化空气）进入烘箱中的匀风板。

（10）烘箱供热系统　必须是干燥的气体。可采用上述手烧炉加热管道中流动的热空气（130～150℃）干燥粉皮；也可采用散热片组，通过蒸汽加热，使流动的空气升温，由干燥的热空气干燥粉皮。因此，需设置供热系统、引风机等配套设施。

2. 技术参数

制粉皮成套设备的产量为 1～2t/d；动力配备为 7～15kW；粉皮的长度为 300～350mm；外形尺寸的长、宽、高分别为 20m、1.2m、2.5m。

3. 生产工艺流程

调糊→定型→冷却→烘干→切条→成品包装

(1)调糊　取含水量为 45%～50%的湿淀粉或小于 13%的干淀粉(马铃薯淀粉、甘薯淀粉各占 50%)，利用黏度较高的甘薯淀粉(占总粉量的 4%)，用 95℃的开水打成一定稠度的熟糊，用 40 目滤网过滤后加入淀粉中，慢慢加入干淀粉重量 1.5～2 倍的温水，并不断搅拌成糊，加入明矾水(每 100kg 淀粉加明矾 300g)、食盐水(每 100kg 淀粉加食盐 150g)，搅拌均匀，调至无粒块为止。将制备好的淀粉糊置入均质桶中待用。

(2)定型　机制粉皮的成型是利用一环形金属带。淀粉糊由均质桶流入漏斗槽(木质结构，槽宽 350～400mm)，进入运动中的金属带上(粉皮的厚薄可调整带速和漏斗槽处金属带的倾斜角度)，淀粉糊附着在金属带上进入蒸箱(用金属管组成的加热箱，可利用蒸汽或烟道加热使水温升至 90～95℃)成型。水温不能低于 90℃，以免影响粉皮的产量和质量。但温度不能过高，否则将使金属带上的粉皮起泡，影响粉皮的成型。

(3)冷却　采用循环的冷水，利用多孔管(管径为 10mm，孔径为 1mm)将水喷在金属带粉皮的另一面，起到对粉皮的冷却作用(从金属带上回流的水由水箱流出，冷却后循环使用)。冷却后的湿粉皮与金属带间形成相对位移，利用刮刀将湿粉皮与金属带分离，进入干燥的金属网带。为了防止粉皮黏着在金属带上，需利用油盒向金属带上涂少量的食用油。

(4)烘干　利用一定长度的烘箱(20～25m)、多层不锈钢网带(3～4 层，带速与金属带基本同步)，干燥的热气(125～150℃，采用散热器提供热源)通过匀风板均匀地将粉皮烘干。网带的叠置使粉皮在干燥中不易变形。

(5)切条　粉皮在烘箱中烘至八成干时(在第三层)，其表面黏度降低，韧性增加，具有柔性，易于切条。可利用组合切刀(两组合或四组合)，根据粉皮的宽窄要求，以不同速度切条。速度高为窄条，速度低为宽条。切条后的粉皮进入烘箱外的最后一层网带冷却。

(6)成品包装　将冷却后的粉皮，按照外形的整齐程度、色泽好坏分等包装。粉皮机的传动均采用磁力调速电机带动，可根据产量和蒸箱、烘箱的温度控制金属带和不锈钢网带以及切刀的速度。

任务五　马铃薯膨化食品加工技术

一、膨化马铃薯酥

(一)生产工艺流程

原料→粉碎、过筛→混料→膨化成型→调味→涂衣→包装→成品

(二)操作要点

1. 原料配比

马铃薯干片 10kg，玉米粉 10kg，调料若干。

2. 粉碎、过筛

将干燥的马铃薯片用粉碎机粉碎，过筛以弃去少量粗糙的马铃薯干粉。

3. 混料

将马铃薯干粉和玉米粉混合均匀，加3%～5%的水润湿。

4. 膨化成型

将混合料置于成型膨化机中进行膨化，以形成条形、方形、圈状、饼状、球形等初成品。

5. 调味、涂衣

膨化后的初成品，应及时加调料调成甜味、鲜味、咸味等多种风味，并进行烘烤，则成膨化马铃薯酥。

膨化后的产品可涂一定量溶化的白砂糖，滚粘一些芝麻，则成芝麻马铃薯酥；也可涂一定量可可粉、可可脂、白砂糖的混合溶化物，则可制得巧克力马铃薯酥。

6. 包装

将调味、涂衣后的产品置于食品塑料袋中，密封。

二、膨化马铃薯

（一）生产工艺流程

马铃薯→洗涤→去皮→整理→成型→硫化处理→预煮→冷却→干燥→膨化→调味→包装→成品

（二）操作要点

1. 去皮

利用清水将马铃薯清洗干净，利用机械摩擦去皮或碱液去皮均可。

2. 成型

根据产品的要求将马铃薯切成丁、条或其他形状。

3. 干燥

应严格控制原料的水分含量。当原料的含水量降至28%～35%时，即可停止干燥。

4. 膨化

可采用气流式膨化设备进行膨化处理。物料膨化后，水分含量为6%～7%。

5. 调味

膨化后的马铃薯应及时调成鲜味、咸味、甜味等多种口味，使其可口，风味独特。

（三）产品特点

香酥、适口性强，易于保存。

三、风味马铃薯膨化食品

以马铃薯粉（片状脱水马铃薯泥、颗粒状脱水马铃薯等）为原料，可以生产各种风味和形状的薯条、薯片、虾条、虾片等膨化食品。这些产品香酥松脆、味美可口，其原料配方、加工工艺大同小异。

（一）原料配方

1. 马铃薯粉膨化食品

马铃薯粉83.74kg，氢化棉籽油3.3kg，熏肉4.8kg，精盐2kg，味精（80%）0.6kg，鹿角

菜胶 0.3kg，棉籽油 0.78kg，磷酸单甘油酯 0.3kg，BHT（抗氧化剂）30g，蔗糖 0.73kg，食用色素 20g，适量水。

2. 海味马铃薯膨化食品

马铃薯淀粉 40～70kg，蛤蚌肉（新鲜、去壳）25～51kg，精盐 2～5kg，发酵粉 1～2kg，味精（80%）0.15～0.6kg，大豆酱 85～170g，柠檬汁 68～250mL，适量水。

3. 洋葱口味马铃薯膨化食品

淀粉 29.6kg，马铃薯颗粒料 27.8kg，精盐 2.3kg，浓缩酱油 5.5kg，洋葱粉末 0.2kg，水 34.6L。

（二）生产工艺流程

原料→混合→蒸煮→冷藏→成型→干燥→膨化→调味→成品

（三）操作要点

1. 混合

按照配方比例称量各种物料，充分混合均匀。

2. 蒸煮

采用蒸汽蒸煮，使混合物料完全熟透（淀粉质充分糊化）。先进的生产方法是将混合原料投入双螺杆挤压蒸煮成型机，一次完成蒸煮、成型工作。挤压成型工艺成型的产品不仅形状规则一致、质地均匀细腻，而且只要更换成型模具，就能加工出各种不同形状（片、方条、圆条、中空条等）的产品。

3. 冷藏

将经过蒸煮的物料于 5～8℃下放置 24～48h。

4. 干燥

将成型后的坯料干燥至水分含量为 25%～30%。

5. 膨化、调味

利用气流式膨化设备将干燥后的产品进行膨化处理，然后进行调味、包装即为成品。

（四）成品质量标准

1. 感官指标

应具有各个品种应有的气味及滋味，无焦煳味和其他异味。

2. 理化指标

水分含量≤3%，酸度（以乳酸计）<1mg/g，容重 100g/L 左右，含沙量≤0.01%，灰分≤6%，制品中无氰化物检出。

3. 微生物指标

细菌总数≤100 个/g，大肠菌群≤30 个/100g，致病菌不得检出。

四、银耳酥

（一）生产工艺流程

玉米→去皮、去胚芽→粉碎　马铃薯淀粉

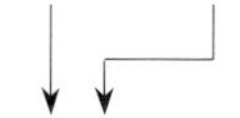

大米→粉碎→大米粉→拌粉→挤压成型→冷却→油炸→膨化→滗油→调味→包装→成品

（二）操作要点

1. 粉碎

利用粉碎机分别将大米和玉米粉碎成20～40目的颗粒。蔗糖粉的细度要求达到80目以上。

2. 拌粉

拌粉时的加水量应根据马铃薯淀粉原料的实际含水量具体掌握。通常拌料时物料的配比为马铃薯淀粉10kg、大米粉2kg、玉米粉1.5kg、水2L。拌粉应充分，使物料吸收均匀。

3. 挤压成型

采用长螺杆挤压膨化机，螺杆的压缩比为2.6，转速为39r/min。若有条件，能使用双螺杆挤压式膨化机，则效果会更理想。喷嘴模具使用“空心管”的模头。下料时应连续、均匀，避免忽多忽少，以保证出料均匀、顺利，防止发生堵料和物料抱轴现象。挤压喷出的膨化物料的膨化率不可过高，要在达到完全熟化的条件下，膨化率达到30%左右即可。喷出的膨化物料立即通过成型切刀，切成厚薄均匀的环状坯料。坯料的厚度以2～3mm较为合适。

4. 冷却

成型后的坯料应均匀摊开，置于阴凉通风处充分冷却。一般情况下，冷却5～10h即可。

5. 油炸、膨化

油炸用油以棕榈油为宜，油温为180～200℃。油温不可过高，防止焦煳。

6. 调味

将由蔗糖粉、葡萄糖粉、精盐以及香精、香料等配成的复合调味料均匀地撒拌到滗油后的膨化料上。拌料时轻轻翻拌，避免把膨化料拌碎。

7. 包装

调味后的产品应使用复合塑料袋，采用充气包装，产品经过包装后即为成品。

（三）成品质量标准

成品外形独特，色泽洁白，犹如银耳，口感好，无渣，入口即酥。

五、蛋白质强化马铃薯条

（一）原料配方

马铃薯100kg，植物蛋白粉30kg，调味料适量。

（二）生产工艺流程

马铃薯原料→清洗→去皮→切片→漂洗→预干燥→混料→挤压成型→油炸→成品

（三）操作要点

1. 清洗、去皮、切片

利用清水将马铃薯表面的泥沙洗净，去皮，然后用刀将马铃薯切成厚0.5cm左右的片，也可破碎成小块。

2. 漂洗

切片后的薯片可以在60℃的温水中漂烫15s。

3. 预干燥

将热烫后的薯片沥尽水分，送入干燥箱中进行预干燥。干燥温度在200℃左右，时间为15min，以减少马铃薯中的水分含量。

4. 挤压成型

将预干燥的马铃薯片与植物蛋白粉混合均匀，送入挤压机中进行挤压成型。

5. 油炸

挤压出的混合薯条直接在165℃的油中炸3min，捞出，沥去余油，经过冷却、包装即为成品。

（四）产品特点

该产品由于强化了蛋白质，营养价值高，味美可口。

六、复合马铃薯膨化条

（一）原料配方

马铃薯55%，奶粉4%，糯米粉11%，玉米粉14%，面粉9%，白砂糖4%，食盐1.2%，番茄粉1.5%，外用调味料适量。或将番茄粉换为五香粉1.5%或麻辣粉1.3%。

（二）生产工艺流程

鲜马铃薯→选料→清洗→去腐去皮→切片→柠檬酸钠溶液处理→蒸煮→揉碎→与辅料混合→老化→干燥（去除部分水分）→挤压膨化→调味→包装→成品

（三）操作要点

1. 选料

选白粗皮且晚熟期收获，存放时间至少1个月的马铃薯。因为白粗皮马铃薯的淀粉含量高，营养价值高，存放后的马铃薯香味更浓。

2. 切片及柠檬酸钠溶液处理

利用清水将选好的马铃薯洗涤干净、去皮，然后进行切片。切片的目的是减少蒸煮时间。而柠檬酸钠溶液的处理是为了减少在入锅蒸煮前这段较短的时间内所发生的酶促褐变，保证产品的良好外观品质。柠檬酸钠溶液的浓度为0.1%～0.2%。

3. 蒸煮、揉碎

将马铃薯放入蒸煮锅中蒸煮，蒸熟后将其揉碎。

4. 混合、老化

将揉碎的马铃薯与各种辅料充分混合，进行老化。蒸煮阶段淀粉糊化，水分子进入淀粉晶格间隙，从而使淀粉大量不可逆地吸水，在3～7℃、相对湿度50%左右下冷却老化12h，使淀粉高度晶格化，从而包裹住糊化时吸收的水分。在挤压膨化时，这些水分就会急剧汽化喷出，从而形成多空隙的疏松结构，使产品达到一定的酥脆度。

5. 干燥

挤压膨化前，原、辅料的水分含量直接影响到产品的酥脆度。所以，在干燥这一环节必须严格控制干燥的时间和温度。本产品可采用微波干燥法进行干燥。

6. 挤压膨化

挤压膨化是重要的工序，除原料成分和水分含量对膨化有重要影响之外，膨化中还要注意适当控制膨化温度。因为温度过低，产品的口味、口感不足；温度过高，又容易造成焦煳现象。适宜的膨化条件为原辅料含水量12%、膨化温度120℃、螺旋杆转速125r/min。

7. 调味

因膨化温度较高，若在原料中直接加入调味料，调味料会极易挥发。将调味工序放在膨

化之后是因为刚刚膨化出的产品具有一定的温度、湿度和韧性，在此时将调味料喷撒于产品表面可以保证调味料颗粒黏附其上。

8. 包装

将上述经过调味的产品进行包装即为成品。

（四）成品质量标准

1. 感官指标

成品为浅褐色，具有马铃薯特有的清香味、轻微玉米清香、奶香及清淡的番茄味或可口的麻辣味，无任何异味。产品酥脆可口，口感硬度合适，不黏牙。

2. 理化指标

蛋白质>6%，脂肪<21%，碳水化合物53%～62%，水分<4%。

3. 微生物指标

细菌总数≤100个/g，大肠菌群≤30个/100g，致病菌不得检出。

七、马铃薯三维立体膨化食品

三维立体膨化食品是近几年在国内面世的一种全新的膨化食品。三维立体膨化食品的外观不循窠臼，一改传统膨化食品扁平且缺乏变化的单一模式，采用全新的生产工艺，使生产出的产品外形变化多样、立体感强，并且组织细腻、口感酥脆，还可做成各种动物形状和富有情趣的妙脆角、网络脆、枕头包等，所以一经面世就以新颖的外观和奇特的口感受到消费者的青睐。

（一）主要原料

玉米淀粉、大米淀粉、马铃薯淀粉、韩国泡菜调味粉。

（二）生产工艺流程

原料、混料→预处理→挤压→冷却→复合成型→烘干→油炸→调味→包装→成品

（三）操作要点

1. 原料、混料

该工艺是将干物料混合均匀，与水调和，达到预湿润的效果，为淀粉的水合作用提供一些时间。这个过程对最后产品的成型效果有较大的影响。一般混合后的物料含水量在28%～35%，由混料机完成。

2. 预处理

预处理后的原料经过螺旋挤出使之达到90%～100%的熟化，物料是塑性熔融状，并且不留任何残留应力，为下道挤压成型工序做准备。

3. 挤压

这是该工艺的关键工序，经过熟化的物料自动进入低剪切挤压螺杆，温度控制在70～80℃。经特殊的模具，挤压出宽200mm、厚0.8～1mm的大片。大片为半透明状，韧性好。

4. 冷却

挤压过的大片必须经过8～12m的冷却长度，有效地保证复合机在产品成型时的脱模。

5. 复合成型

该工艺分三步完成。

第一步为压花。由两组压花辊来操作，使片状物料表面呈网状并起到牵引的作用；动物

形状或其他不需要表面网状的片状物料可更换为平辊，使其只具有牵引作用。

第二步为复合。压花后的两片经过导向重叠进入复合辊，复合后的成品随输送带送入烘干工序，多余物料进入第三步回收装置。

第三步为回收。由一组专从挤压机返回的输送带来完成，使其重新进入挤压工序，保证生产不间断。

6. 烘干

挤出的坯料水分处于20%～30%之间，而下道工序之前要求坯料的水分含量为12%。由于这些坯料已形成密实的结构，不可迅速烘干，这就要求在低于前面工序温度的条件下，采用较长的时间进行烘干，以保证产品形状的稳定。

7. 油炸

烘干后的坯料进入油炸锅，完成油炸和去除水分工序，使产品最终水分为2%～3%。坯料因本身水分迅速蒸发而膨胀2～3倍。

8. 调味、包装

用自动滚筒调味机在产品表面喷涂5%～8%韩国泡菜调味粉，进行包装即为成品。

八、油炸膨化马铃薯丸

(一)原料配方

去皮马铃薯79.5%，人造奶油4.5%，食用油9.0%，鸡蛋黄3.5%，蛋白3.5%。

(二)生产工艺流程

马铃薯→洗净→去皮→整理→蒸煮→捣烂→混合→成型→油炸膨化→冷却→油氽→滗油→成品

(三)操作要点

1. 去皮及整理

利用清水将马铃薯清洗干净后去皮，可采用机械摩擦去皮或碱液去皮。去皮后的马铃薯应仔细检查，除去发芽、碰伤、霉变等部位，防止不符合要求的原料进入下一道工序。

2. 蒸煮、捣烂

采用蒸汽蒸煮，使马铃薯完全熟透为止，然后将蒸熟的马铃薯捣成泥状。

3. 混合

按照配方的比例，将捣烂的熟马铃薯泥与其他配料加入到搅拌混合机内，充分混合均匀。

4. 成型

将上述混合均匀的物料送入成型机中成型，制成丸状。

5. 油炸膨化

将制成的马铃薯丸放入热油中炸制，油炸温度为180℃左右。

6. 其他

油炸膨化的马铃薯丸，待冷却后再次进行油炸，制成的油炸膨化马铃薯的直径为12～14mm，香酥可口，风味独特。

任务六　马铃薯发酵食品加工技术

一、马铃薯酸奶

（一）生产工艺流程

鲜牛奶→预处理
↓
马铃薯→洗净→预处理→混合→均质→灭菌→冷却→加发酵剂→接种→发酵→检验→成品

（二）操作要点

1. 马铃薯预处理

预处理的目的是将马铃薯熟化。首先将无外伤、无虫蛀和无出芽的新鲜马铃薯洗净，除去表面泥土、杂质和部分微生物。由于马铃薯皮中含有生物碱、龙葵素等有毒物质，必须去皮。去皮和熟化的顺序由熟化方法决定，若用100℃以上高温烘烤，则应后去皮；若加水烧煮，则应先去皮。熟化可杀死微生物，钝化酶的活性，将生淀粉转化为熟淀粉，便于吸收。同时，部分淀粉在自身酶的作用下能转化为可发酵性糖，有利于菌种发酵。将熟制的马铃薯制成糊状，进行下一步操作。

2. 混合、均质

将马铃薯糊与经检验合格的鲜牛奶按一定比例混合均匀，进行均质，其条件为：温度50～60℃，压力14～19MPa。目的是使牛奶中的脂肪球颗粒均匀分散，增加混合液的黏度，提高乳化稳定性。混合时需添加一定量的白砂糖。混合均匀后的混合液无分层现象，性质稳定。

3. 马铃薯和蔗糖的添加量

（1）马铃薯添加量　由于马铃薯富含淀粉，有一定的增稠和稳定作用，加之所含多种酶在前期处理时可使部分淀粉转化为可发酵糖，因此，其添加量对产品酸度及组织状态的影响较大。添加少，产酸低，发酵速度慢；添加多，易使混合奶液中蛋白质的含量相对降低，影响凝乳状态。较为适宜的添加量为20%。

（2）蔗糖添加量　适量添加蔗糖能促进乳酸菌产酸，并形成一定风味。若添加过多，则成品甜度增加，会遮盖酸奶特有的风味。蔗糖添加量以5%为宜。

4. 菌种和接种量

在乳酸菌发酵过程中，双菌混合优于单菌。混合发酵初期，当pH值达5.5时，保加利亚乳杆菌分解乳蛋白产生短肽及氨基酸，能促进嗜热链球菌生长，嗜热链球菌分解蛋白产生甲酸和丙酸，又能促进保加利亚乳杆菌生长，形成共生现象。开始链球菌比乳杆菌生长快，由于乳杆菌比链球菌耐酸，随温度上升，乳杆菌繁殖加快，链球菌繁殖减慢，二者配合进行发酵时，以1∶1的比例为最好。

接种量对发酵最终pH值和总酸度的影响不太显著，但对发酵速度特别是前发酵速度的影响很大。接种量小，前发酵速度慢，易受杂菌污染；接种量大，发酵速度加快，能避免杂菌污染，但易使微生物细胞衰老并发生自溶，细胞自溶释放的物质给发酵液带来不良影响。

接种量以4%为最佳。

5. 发酵温度

发酵温度是微生物发酵的重要参数之一。在发酵过程中,尽可能要求生产用菌种能耐较高温度,以减少冷却设备,缩短生产周期。前发酵温度控制在45℃有利于发酵速度和产品风味。当前发酵液酸度达到1.0%左右时转入低温发酵,主要以低温控制乳酸菌新陈代谢,改善风味。后期发酵温度为5℃左右。

在接种之前需进行灭菌处理,目的在于消灭原料中的杂菌,确保乳酸菌的正常生长与繁殖,钝化原料中对发酵菌有抑制作用的天然抑制剂。高温热处理可使牛乳中的乳清蛋白充分变性,排除发酵液中的氧气,钝化酶的活性,有利于发酵菌生长产酸。但灭菌时间越长,营养物质损失越多,以132℃下2s的瞬时高温灭菌为好,也可采用90~95℃、15min的巴氏灭菌法。

(三)成品质量标准

1. 感官指标

成品具有乳酸发酵剂制成的酸牛乳特有的滋味和气味,无不良发酵味、霉味和其他异味。凝块均匀细腻,无气泡,允许有少量乳清析出,色泽均匀一致,呈乳白色或稍有微黄色。

2. 理化指标

水分80.1%,蛋白质3.8%,脂肪2.0%,糖8.7%,灰分1.2%,总固形物22.1%,pH值4.11~4.5。

3. 微生物指标

无致病菌及因微生物作用引起的腐败现象,大肠杆菌≤90个/100mL。

二、马铃薯加工食醋

(一)原料配方

马铃薯100kg、高粱5kg、米糠50kg、曲5kg。

(二)生产工艺流程

原料选择→清洗→蒸煮→捣碎→配料→入瓮发酵→拌醋→熏醋→淋醋→包装→成品

(三)操作要点

1. 原料选择

认真挑选收获的马铃薯块茎,即将大薯及可作为商品的优质块茎以及留作食用的薯块拣出,把小薯块、收获时破损的薯块和不规则的劣质块茎用来加工食用醋。用这些劣质的块茎加工食用醋是一条变废为宝的致富门路。

2. 清洗

筛净选择好的准备加工食醋的薯块的泥土,利用清水冲洗干净。

3. 蒸煮

将清洗干净的马铃薯装入大口铁锅中,加入水加热煮熟。一般从锅上见汽开始,煮20~25min即可。

4. 捣碎

利用木杆或木制的锤,将煮好的马铃薯捣成豆粒状或泥状。

5. 入瓮发酵

将捣碎的薯泥装入发酵瓮中，当装到离瓮口 20cm 时，将 5kg 高粱糁（煮成糊状）掺入瓮中，再将发酵用的曲种 5kg 碾碎后加入发酵瓮中，用木棒搅拌均匀，让其在 25℃的室内温度下进行发酵。如果室内温度不足，可以加盖保温棉被或其他覆盖物，一般发酵时间为 14d。当瓮中冒气泡，嗅到有醋酸味时发酵成功，便可以开始拌醋。

6. 拌醋

准备 60～80cm 口径的大瓷盆，用清水清洗干净，装入 7～8kg 米糠或高粱壳，再把发酵好的马铃薯醋料拌入，用手搅拌：双掌对擦，揉擦细碎，擦匀擦到。擦拌后的醋坯大盆应放在温度较高的地方，或放在 25～30℃的室内，盆上要用棉被或其他保温物严密覆盖。拌好的醋一定要每天搅拌，要做到拌匀、周到。拌好的醋坯到 14d 时，颜色变为红色，并有很香的醋酸味，能反复品尝出很浓的醋酸味，说明拌醋已经成熟。

7. 熏醋

可在院子中垒一通风火，火上置一大缸，作为熏缸，将拌好的成熟的醋坯装入熏缸中，熏制 3～4h，把醋坯熏成酱红色时，便可以淋醋。

8. 淋醋

把熏好的醋坯装入下部有淋出口的瓷缸中，底部再置一个接醋缸。淋醋缸的底部可以垫一些过滤物（如纱布），然后将醋坯装好，将烧开的沸腾水加入淋醋缸中，反复淋醋，这样淋出的醋即为食用醋。

一般 100kg 马铃薯加入 100L 水能淋出 100L 食用醋。当醋坯淋到由红变黄、色浅味淡，尝到寡而无味时，就可以停止淋醋。将各次淋出的醋均匀地混合在一起，经过杀菌、包装即可贮藏或上市销售。

三、马铃薯加工黄酒

用马铃薯酿制黄酒，品质好、售价高，具有良好的市场竞争力，为马铃薯产区提供了一条致富之路。

（一）生产工艺流程

原料→预处理→配曲料→拌曲发酵→冷却降温→装瓶→灭菌→成品

（二）操作要点

1. 预处理

将无病虫、烂斑的马铃薯洗净、去皮，入锅煮熟，出锅摊凉后倒入缸中，用木棒捣烂成泥糊状。

2. 配曲料

每 100kg 马铃薯生料用花椒、茴香各 100g，兑水 20L，入锅旺火烧开，再用温火熬 30～40min，出锅冷却后过滤去渣。再向 10kg 碎麦曲中倒入冷水，搅拌均匀备用。

3. 拌曲发酵

将曲料液倒入马铃薯缸内，拌成均匀的稀浆状，用塑料布封缸口，置于 25℃左右的温度下发酵，每隔一天开缸搅拌一次。当浆内不断有气泡溢出，气泡散后则有清澈的酒液浮在浆上，飘出浓厚的酒香味时，则证明发酵结束，应停止发酵。

4. 冷却降温

为防止产生酸败现象，应迅速将缸搬到冷藏室内或气温低的地方，开缸冷却降温，使其骤然冷却。一般在5℃左右冷却效果较好，通常也可以用流动水冷却。

5. 装瓶、灭菌

将酒浆冷却后，装入干净的布袋，压榨出酒液。然后用酒类过滤器过滤两遍，将酒装入瓶中，放入锅中水浴加热到60℃左右，灭菌5～7min，压盖密封即可。

酒糟含有大量的蛋白质、氨基酸、活性菌，可直接用作畜禽饲料投料（喂猪效果最好）或晒干贮存作饲料。

四、桑叶马铃薯发酵饮料

（一）生产工艺流程

桑叶清洗→热汤护色→破碎→浸提→过滤澄清→桑叶汁

砂糖、食用酒精、柠檬酸→↓

马铃薯→预处理→发酵→过滤→马铃薯汁→调配→排气→密封→杀菌→成品

（二）操作要点

1. 马铃薯预处理

马铃薯经洗净后于沸水条件下蒸煮30min，冷水冷却，去皮切分为1cm左右厚的片状，沸水条件下蒸煮至熟透软化为止，按物料1：1加水打浆后，加入已活化的α-淀粉酶，充分混匀，调节pH值为6.0～7.0，80℃下进行液化至碘色反应为棕红色为止。将液化后的马铃薯液降温至50～60℃，用柠檬酸调pH值为4.0～4.5，加入已活化的糖化酶，充分搅拌，60℃下糖化80min。

将糖化后的马铃薯液用石灰乳调整pH值为8.0，加热到55℃左右进行清净处理，以除去果胶，减少发酵过程中产生的甲醇。

2. 发酵

将已清净处理的马铃薯糖液冷却至30℃左右，按占马铃薯原料0.1%的量加入已活化的酒用活性干酵母，充分搅拌装坛，把发酵坛放入恒温箱中，温度控制在20～28℃，pH值为3.5～4.0，发酵直到马铃薯醪中有大量的汁液，味甜而纯正，具有发酵香和轻微的酒香，其酒精度为5.5%～6.5%（体积）即可。

3. 过滤

发酵醪用三层纱布，内含两层脱脂棉，下垫150目分样筛过滤，反复3～4次，然后放置澄清，取上清液以备用。

4. 桑叶汁的制备

桑叶经清水浸泡20～30min并清洗干净后，在沸水中热烫30s，按桑叶重加入1：10的软化水进行捣碎，补足1：30的软化水，调节pH值至5.0，于40℃下浸提4h。在浸提过程中时常搅动，以提高浸提效果。

浸提完成后，用150目的纱布过滤，将所得滤液加热至沸腾，维持3～5min，再精滤澄清即可。

5. 调配

将马铃薯醪汁与桑叶汁按4：1～6：1的比例混合，再用蔗糖、柠檬酸对其糖度及pH值进行调配。

6. 排气、密封、杀菌

将已灌装好的饮料在沸水条件下排气，至中心温度至70℃以上时趁热密封，在85℃条件下杀菌15min。

（三）产品质量标准

1. 感官指标

成品饮料呈柠檬黄半透明液体，无分层现象，具有马铃薯发酵香和桑叶汁清香，有酒味而不刺口。

2. 理化指标

糖度8%～12%，酒度1%～3%，pH值3.2～3.7，甲醇含量0.04g/100mg，铅（以Pb计）≤1mg/L，铜（以Cu计）＜100mg/L。

3. 微生物指标

杂菌总数≤50个/mL，大肠杆菌≤3个/100mL，致病菌不得检出。

五、发酵型土豆汁饮料

（一）生产工艺流程

新鲜土豆→清洗→去皮→预煮→打浆液化→糖化→糊化
→灭菌→发酵→调配→均质→成品
↑
混合←{活化←酿酒酵母；活化←嗜热链球菌：保加利亚乳杆菌＝1∶1}

（二）操作要点

1. 原料及酶处理

选取无霉变、无破损的新鲜土豆200g，清洗、去皮，切成小块，100℃预煮15min，按2∶1加水打成匀浆，过滤静置；在恒温65℃、pH值6.0时添加15U/g的中温α-淀粉酶，液化1h；降温至60℃，调pH值至4～4.5，加异淀粉酶50U/g，糖化4h；升温至90℃，糊化1h后灭菌，取出后放入超净工作台中冷却至室温。

2. 菌种活化

取蔗糖0.12g、蒸馏水10mL为活化培养基于试管中，在0.1MPa、121℃下灭菌20min，取出，降温至30℃，迅速称取1%的酿酒酵母于灭菌糖液中，放入25℃生化恒温培养箱中活化30min。同时量取10mL灭菌脱脂牛奶于干热灭菌的试管中，加入0.5%的乳酸菌，放入40℃生化恒温培养箱中活化3.5h。

3. 接种发酵

将活化完全的酵母菌和乳酸菌按接种菌配比为1∶1.5，接种量为1.5%，同时倒入冷却后的土豆汁中，摇匀，密封放入35℃生化恒温培养箱中培养48h，发酵制成土豆汁饮料。

4. 调配

土豆汁饮料外观呈液体状，流动性好，根据人们的口感要求可以调配成甜型和各种水果味的复合土豆汁饮料。如调制成甜型纯土豆汁饮料，可添加8%的蔗糖、0.2%的混合稳定剂（0.1%黄原胶、0.1%CMC-Na）。

5. 均质

发酵型土豆汁饮料经调配后，为保证其稳定性，在50℃、23MPa下进行均质，使土豆汁饮料口感更细腻，同时延长其保存时间。

（三）产品质量标准

1. 感观指标

土豆汁饮料的外观为液体状，颜色为乳黄色，酸甜适宜微带酒香，有土豆的清香，味道和谐爽口，均匀稳定，无分层。

2. 理化指标

糖度：8.6%，乳酸量：0.39%，酒精度：0.37%。

3. 微生物指标

细菌总数≤20 个/mL，大肠菌群≤3 个/100 mL，致病菌不得检出。

六、马铃薯柿叶低酒精度饮料

（一）生产工艺流程

1. 柿叶汁生产工艺流程

柿叶→采叶、选叶→清洗→去脉→杀青→浸泡→揉碎→浸提→过滤澄清→柿叶汁

2. 马铃薯酒醪生产工艺流程

马铃薯→选择→清洗→去皮→切分→蒸煮→打浆→液化→糖化→发酵→过滤→马铃薯酒醪

3. 马铃薯柿叶低酒精度饮料生产工艺流程

柿叶汁＋马铃薯酒醪＋糖浆＋柠檬酸→调配→灌装→排气→密封→杀菌→冷却→成品

（二）操作要点

1. 原料选择

马铃薯要求无腐烂、无发芽、无发绿、无机械损伤等，淀粉含量约 16%；柿叶要求新鲜采摘，无黑点、褐斑和病虫害；柠檬酸、蔗糖、蜂蜜等要求符合相应标准。

2. 柿叶汁制备

（1）采叶　柿叶中的主要成分如维生素 C 和黄酮素的含量随季节而变化，以秋季叶片中的含量最高。所以，单从营养角度考虑，应采取秋季柿叶为原料，但是秋季柿叶多已老化，不利于制作，也影响口味，一般从 8 月初开始零星采收，到 9 月上旬就可以大量采收。

（2）选叶　要选择质厚、新鲜、无病、无虫、无损伤的柿叶。

（3）清洗、去脉　用冷水冲洗叶子上的污物和杂质，如洗不干净，可以用碱液清洗，然后用清水冲洗干净，再去掉叶梗，抽掉粗硬的叶脉。

（4）杀青　杀青可固定原料的新鲜度，保持颜色鲜艳，同时破坏组织中的氧化酶，防止柿叶中维生素 C 和其他成分的氧化分解。通过杀青可破坏原料表面细胞，加快水分渗出，有利于干燥，并除去叶子的苦涩味。杀青时，水温保持在 70～80℃（烧至有响声为止），漂烫时间为 15min，每隔 5min 翻动一次，要烫除青草味。漂烫的水温不宜过高，时间不宜过长，否则营养成分损失。但水温过低、时间太短，杀青效果也不理想。

（5）揉碎　待柿叶组织中角质转化后，用手揉搓使柿叶变碎，但不宜太碎。也可用手撕、用刀切，但无论用什么方法，都要力求大小均匀。

（6）柿叶汁浸提　将柿叶加 20 倍的软化水煮沸 3～4min，过滤取汁，柿叶渣再加适量软化水煮沸 4～5min，再过滤取汁。将两次柿叶汁合并后，再经过精滤、澄清得到柿叶清汁

备用。

3. 马铃薯酒醪制备

(1)马铃薯预处理　选择优质马铃薯,无青皮、无虫害,大小均匀。禁止用发芽或发绿的马铃薯。把马铃薯清洗干净后去皮,切分为1～1.5cm厚的片状,常压下用蒸汽蒸煮30min左右,至熟透软化为止。按物料1∶1加水用打浆机打成粉浆后,加入已活化的耐高温α-淀粉酶,充分混匀,调pH值为6.0～7.0,95～100℃进行液化至碘色反应为棕红色为止。将液化后的马铃薯液降温到60℃,用柠檬酸调pH值为4.0～5.0,加入已活化的糖化酶,充分搅拌,60℃糖化80min。将糖化后的马铃薯液用石灰乳调整pH值为8.0,加热至55℃左右进行清净处理,以除去果胶,减少发酵过程中产生的甲醇。

(2)发酵　发酵是经酵母菌作用将葡萄糖转化为酒精的过程。首先将活性干酵母进行活化。将已清洗处理的马铃薯糖液冷却至30℃左右,调节pH值为3.5～4.0,加入马铃薯原料量2%～3%的已活化的酒用活性干酵母液,充分搅拌装罐,温度控制在28～30℃,发酵至马铃薯发酵醪中有大量的汁液,味甜而纯正,具有发酵香和轻微的酒香,其酒精度为5%～6%即可。

(3)过滤　发酵醪用三层纱布,内含两层脱脂棉,下垫150目分样筛过滤,反复3～4次后,放置澄清,取上清液备用。

(4)糖浆制备　在不锈钢夹层锅内,先将一定量的软化水加热至沸腾后,加入砂糖并继续加热至砂糖完全溶化。再添加适量的柠檬酸、鸡蛋清搅拌均匀,并继续加热15～20min后,加入预定量蜂蜜液,搅拌均匀,最后用两层纱布过滤即可。

4. 马铃薯柿叶低酒精度饮料的生产

(1)调配　按产品的质量指标,将马铃薯酒醪与柿叶汁按4∶1～5∶1的比例混合,再用糖浆、柠檬酸对其糖度及pH值进行调整,然后再精滤,即得马铃薯柿叶低酒精度饮料。

(2)灌装、排气、密封、杀菌　将经过精滤澄清的马铃薯柿叶低酒精度饮料灌装于玻璃瓶中,在沸水条件下排气至中心温度70℃以上时,趁热用软木塞封口,在85℃下杀菌15min,冷却至室温即为成品。

(三)成品质量标准

1. 感官指标

成品饮料呈淡黄色、半透明,无分层现象,具有马铃薯发酵香和柿叶汁清香,有酒味而不刺口。

2. 理化指标

酒精度3%,pH值3.5,甲醇含量≤0.04g/100mg,铅(以Pb计)<1mg/L,铜以(Cu计)<100mg/L。

3. 微生物指标

细菌总数≤50个/L,大肠菌群≤3个/100mL,致病菌不得检出。

七、马铃薯加工味精

(一)生产工艺流程

原料→制取淀粉→稀释、调酸碱度→液化接菌种→糖化→脱色→结晶→成品

(二)操作要点

1. 制取淀粉

选择块大、无腐烂的马铃薯为原料,洗净后放入粉碎机中打成泥浆状,移入合适的容器中(注意不能利用铁器),加入1倍量的清水搅拌均匀,使淀粉充分和水混合,然后用白细纱布过滤,并将未能过滤出的粗品粉碎,加半量的清水再压滤一次,合并两次滤液,静置20～24h,吸出上层清液,将下层淀粉吊包压滤,除去水分后经过烘干、粉碎即为马铃薯淀粉。

2. 稀释、调酸碱度

将上述粉碎的干品用清水稀释成16°Bé的浆液,并在不断搅拌下加入碳酸钠或碳酸氢钠溶液,调整酸碱度,使浆液的pH值在6.5～7.0之间。

3. 液化接菌种

将上述淀粉的浆液进行抽滤,除去其中的粗糙物质,然后在滤液中按50kg干淀粉加入0.25kg的(5000单位)"谷氨酸发酵B-9菌种"的比例接种菌种,搅拌均匀。

4. 糖化

将上述液体搅拌30min后,加热到87℃,保持60min,当测出糖液转化率达95%以上时,随即升温到100℃,保持5min(进行杀菌)。

5. 脱色、结晶

当将上述液体停止加热后,加入总液量1%的活性白土,搅拌30min,静置2h,再减压抽滤。将滤液加热到75℃,接着加入总液量3%的粉末活性炭,搅拌保温15min进行脱色,然后趁热抽滤,最后将滤液进行减压浓缩到有结晶析出,再冷却到4℃,静置结晶12h后,得白色结晶,将结晶在75℃下干燥后,按量再加入3%～5%比例的精制食盐即为成品味精。

八、马铃薯山药酸奶

(一)生产工艺流程

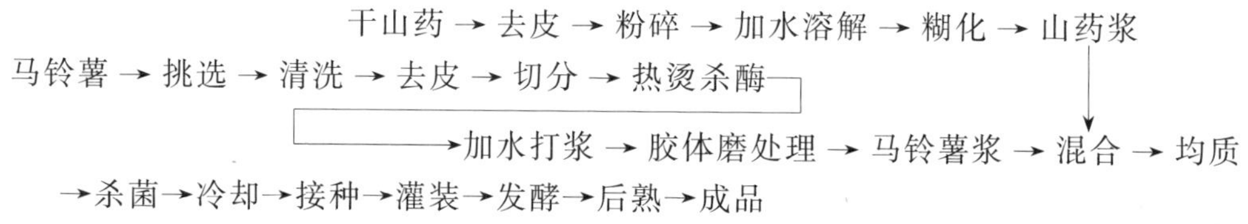

干山药→去皮→粉碎→加水溶解→糊化→山药浆

马铃薯→挑选→清洗→去皮→切分→热烫杀酶→加水打浆→胶体磨处理→马铃薯浆→混合→均质→杀菌→冷却→接种→灌装→发酵→后熟→成品

(山药浆→混合)

(二)操作要点

1. 马铃薯浆的制备

首先将无外伤、无虫蛀、无出芽的新鲜马铃薯用清水洗净,除去表面泥土、杂质和部分微生物。由于马铃薯皮中含有生物碱、龙葵素等有毒物质,必须去皮。

用刀将去皮后的马铃薯切成小块,然后在100℃的热水中热烫5min,以杀灭马铃薯中的酶,取出后加入2倍水,送入打浆机中将其打成浆状,再利用胶体磨对得到的浆液进行处理即得马铃薯浆。

2. 山药浆的制备

将干山药经过除杂、去皮,放入粉碎机中进行粉碎,得到的粉状物加入5倍水进行溶解,然后将其加热进行糊化,从而得到山药浆。

3. 混合

将马铃薯浆、山药浆、鲜乳和蔗糖按照一定的比例进行混合。具体用量:马铃薯浆为

25%,山药浆为马铃薯浆的1/3,蔗糖为6%,其余为鲜乳。

4. 酸奶的制备

将上述各种原料充分混合均匀后,先经60~65℃预热,送入均质机中,在95℃、18MPa下进行均质处理,时间为5min。将均质后的混合料液冷却到42℃,接入已事先培养好的5%乳酸菌种,在42℃的恒温条件下培养8h,取出后置于8℃的低温条件下后熟4h,成熟后将成品保存在2~6℃的低温条件下。

(三)成品质量标准

1. 感官指标

成品为乳黄色,口感细腻、清爽,组织状态为凝乳,均匀、结实,表面光滑,无乳清析出,具有马铃薯山药乳酸发酵的特有香味。

2. 理化指标

脂肪2%~3%,蛋白质≥2.5%,酸度73~80°T,pH值4.6~4.7。

3. 微生物指标

乳酸菌数1.5×10^{8}~2.5×10^{8}个/mL,大肠菌群<3个/100mL,致病菌不得检出。

九、马铃薯白酒

(一)生产工艺流程

原料→处理→蒸煮→培菌→发酵→蒸馏→白酒

(二)操作要点

1. 原料和处理

选用无霉烂、无变质的马铃薯,用水洗净,除去杂质,用刀均匀地切成手指头大小的块。

2. 蒸煮

向铁锅中注入清水,加热至90℃左右,倒入马铃薯块,用木锨慢慢搅动,待马铃薯变色后,将锅内的水放尽,再焖15~20min出锅。马铃薯不能蒸煮全熟,以略带硬心为宜。

3. 培菌

马铃薯出锅后,要摊晾,除去水分,待温度降低至38℃后,加曲药搅拌。每100kg马铃薯用曲药0.5~0.6kg,分三次拌和。拌和完毕,装入箱中,用消过毒的粗糠壳浮面(每100kg马铃薯约需10kg粗糠壳),再用玉米酒糟盖面(每100kg马铃薯约用50kg酒糟)。培菌时间一般为24h。当用手捏料有清水渗出时,摊晾冷却。夏季冷却到15℃,冬季冷却到20℃,然后装入桶中。

4. 发酵

装桶后盖上塑料薄膜,再用粗糠壳密封。发酵时间为7~8d。

5. 蒸馏

通过蒸馏将发酵成熟的醅料中的酒精、水、高级醇、酸类等有效成分蒸发为蒸汽,再经冷却即可得到白酒。将上述得到的白酒经过勾兑和贮存即可作为成品出售。

按上述方法酿造的马铃薯白酒,度数为56度左右,每100kg马铃薯可出酒10~15kg,出酒率为10%~15%。马铃薯酒糟还可以做饲料。

十、马铃薯生产柠檬酸和柠檬酸钙

柠檬酸和柠檬酸钙是重要的化工原料和食品添加剂,利用马铃薯提取淀粉之后产生的薯渣下脚料来生产柠檬酸和柠檬酸钙，具有原料价廉易得、生产技术简便、生产成本低、经济效益显著的特点。

（一）生产原理

发酵法生产柠檬酸和柠檬酸钙多采用宇佐美曲霉 N-558、黑曲霉 Y-114、黑曲霉 3008、黑曲霉 Co827、黑曲霉 T419 和黑曲霉 G_2B_3 等优良菌种。黑曲霉可以不加糖化剂，直接将淀粉转化为柠檬酸，同时对蛋白质、纤维素、果胶物质有一定的分解能力，产酸能力较强，发酵速度快，营养条件要求粗放，在生产上比应用其他微生物有更多的优点。发酵的主要生化过程可用下列反应式表示：

$$(C_6H_{10}O_5)_n + nH_2O = nC_6H_{12}O_6$$

$$2C_6H_{12}O_6 + 3O_2 = 2C_6H_8O_7 + 4H_2O$$

以上全部生化过程都是由黑曲霉产生的一系列酶协同作用的结果。首先是淀粉在黑曲霉淀粉酶的作用下变成葡萄糖，然后在葡萄糖合成酶的作用下产生柠檬酸。黑曲霉产生的淀粉酶耐酸性较强，但是与产生柠檬酸的最适 pH 值相比仍显得较高，即糖化作用的最适 pH 值（2.5～3.0）与合成柠檬酸的最适 pH 值（2.0～2.5）不同。在发酵初期，主要矛盾是糖化，在较高 pH 值的环境中糖化，生成大量的葡萄糖，为产酸准备充足的原料，但是较高的 pH 值会导致生成大量的杂酸（主要是草酸）。这是淀粉质原料发酵工艺中需要控制的一个关键。为解决这一矛盾，可以调节通气与搅拌的强度。发酵前期通气量较低，有利于糖化；后期通气量高，对产酸有利，这不仅能提高柠檬酸的产量，而且可以合理使用无菌空气和节约动力消耗。

柠檬酸发酵液中，除主要产物外，还会有许多代谢产物及其他物质，如草酸、葡萄糖酸、菌体、蛋白质、胶体物质、固形物等。为了从发酵醪液中分离柠檬酸，在发酵的醪液中加入碳酸钙中和，使柠檬酸变成柠檬酸钙沉淀析出，过滤后分离出柠檬酸钙，烘干、冷却、粉碎后即得柠檬酸钙的成品。若生产柠檬酸，则将从醪液中分离出的柠檬酸钙用硫酸分解而得到柠檬酸，过滤除去硫酸钙沉淀，获得稀柠檬酸溶液。酸解过程要逐步进行，酸量控制要适当。如果酸量不足，会使酸解停留在柠檬酸氢二钙和柠檬酸二氢钙的中间阶段，影响产量和质量。但是用酸过多，在后续浓缩过程中，会使柠檬酸分解，色泽深而影响产品质量，且柠檬酸溶液的某些分解产物（如甲酸）对设备腐蚀严重。因此，酸解终点的控制是生产的关键之一。

（二）生产工艺

利用薯渣可以采用深层和固体培养发酵法生产柠檬酸和柠檬酸钙，其生产工艺流程如下：

黑曲霉→试管培养→种母培养
↓
薯渣→粉碎→糊化→发酵→中和→过滤洗涤→热水洗涤→干燥→粉碎→筛析
↓
柠檬酸钙→酸解过滤→脱色过滤
↓
柠檬酸成品←过滤干燥←浓缩结晶←离子交换

深层发酵属于工厂化生产过程。固体培养发酵法（浅盘）是以薯干淀粉或薯渣为原料，先发酵生产柠檬酸钙，然后再加工成柠檬酸。此法设备简单，投资小，适于乡镇企业及小型工厂采用。下面分别介绍固体培养发酵生产柠檬酸钙和深层发酵生产柠檬酸的操作要点。

1. 薯渣固体培养发酵生产柠檬酸钙

(1)培养　薯渣固体培养发酵法生成柠檬酸和柠檬酸钙所采用的菌种为黑曲霉 G_2B_3。根据生产需要,这种专用菌种可用试管、三角瓶、蘑菇瓶等容器进行培养。首先在斜面培养菌种,进而扩大培养生产用的一级菌种和二级菌种等。

斜面培养:斜面培养基采用 4°Bé 的麦芽汁加入 2%的琼脂配制。在 100kPa 的表压下灭菌 30min。摆成斜面,按照无菌操作常规程序于斜面培养基上接种黑曲霉 G_2B_3 孢子,放置于(3±2)℃下培养 6~7d 即可供用。但培养菌种的时间不可太长,否则会导致菌种老化、生酸低落的情况。上述已培养好的备用斜面菌种应及时放置于 4℃以下的冰箱中保存。

一级菌种和二级菌种的培养:菌种的培养基配料为麸皮 50kg、轻质碳酸钙(细度 200 目)5kg、磷酸铵 0.25kg、水 50L。将上述配料充分地搅拌混合均匀,放入三角瓶或蘑菇瓶中,瓶口用双层绒布扎紧后,放置于高压灭菌锅内进行灭菌处理。在 147kPa 的蒸汽压力下,灭菌 60min 即可。灭菌处理之后,按照无菌操作程序接种入斜面菌种孢子,放置于适宜的温度、湿度条件下,培养 4~5d,待瓶内棕黑色的菌种孢子生长丰盛时,即可提取使用。

(2)制曲发酸　薯渣糠曲的配比为:干薯渣 50kg、轻质碳酸钙(细度 200 目以上)1kg、米糠 5kg。上述干薯渣要求事先经过粉碎、筛析处理,然后才加入其他配料掺拌均匀,并洒入清水使其含水量达到 70%左右。

将上述配料进行蒸煮处理,蒸料放入固形物式或旋转式蒸锅中均可,先在常压下蒸煮 90~100min,再在 9.8~147kPa 下(逐渐加大蒸汽压力)蒸煮 60min 即可。具体操作时间应根据物料总量、料粒大小、蒸锅形式及灭菌效果等实际情况灵活掌握。

蒸煮处理好的熟料,在事先经过紫外线灭菌的场地上趁热进行破碎和摊晾。一般可以采用扬麸机进行破碎,使熟料团块松散,料温随之下降。破碎后摊晾物料,当料温降至 37℃以下时,即可补水接种。

必须强调的是,补水接种操作要求在熟料摊晾降温后进行,切忌久搁,否则熟料的淀粉会“返生”,导致淀粉发酵率下降而生酸低落;同时,久搁还会使熟料增加被杂菌污染的机会。补水时,要用无菌水将其含水量补至 65%~75%,即可进行接种。接种量一般为薯渣干料重量的 0.2%~0.3%。

经补水接种后的物料,当料温为 27~33℃时,就可装盘送入曲室进行发酵处理。曲盘厚度为 40~60mm,曲室温度应控制在 28~32℃范围内,室内的相对湿度为 85%~90%。发酵时间通常需要 72~96h。

在上述整个发酵期内,曲温的变化基本上可分为三个阶段:第一阶段是在第 18h 内,其曲温与室温大体相同;第二阶段是在 18h 后,曲温会急剧上升,可达 40℃以上,至第 64h 后一直维持此温度,但曲温最高不可超过 44℃,以预防“烧曲”;经 64h 后,曲温则开始下降,一直降到 35℃左右为第三阶段。

在发酵过程的第二和第三阶段,从第 48h 后,应每隔 12h 测定 1 次酸度。曲料发酵生酸的快慢与生酸菌种质量、曲料质量、培养条件和有无杂菌污染等因素相关。从曲料发酵第 72h 开始,每隔 1~2h 取样检测 1 次酸度,以及时地掌握曲料中的酸度增加数据,从而确定最佳的出酸时机。如果发酵时间过长,曲料中的酸度反而会下降。

(3)过滤除杂　将已达发酵生酸终点的曲料(呈块状)转入浸曲池内,在充分搅拌下,加入适量 80℃的热水(水面正好淹没曲料层)进行捣碎、浸泡处理,反复浸取 2~3 次,每次 30~40min。浸取液可反复使用或分别处理。

上述浸取液中含有曲渣、糊精、糖类、黑色孢外酶、菌种孢子等杂质成分，通过加热煮沸30min左右，便呈絮状沉淀析出，然后将料液趁热放入沉淀池静置12h以上，再经过滤处理，除去杂质。滤液送至中和工序；滤渣经干燥、粉碎后，可作为饲料。

(4)中和　利用真空抽提上述澄清的滤液，送入搪瓷反应罐中，加热溶液至60℃以上，在搅拌下，徐徐地加入轻质碳酸钙进行中和，注意勿使产生的泡沫溢出。

当发酵液中含有的副产物草酸较多时，上述中和反应可控制在pH值3.0～3.2，让所生成的柠檬酸钙沉淀析出，与草酸盐实现分离，保证柠檬酸钙的纯度。

中和100kg的柠檬酸水溶液需轻质碳酸钙大约71.5kg或氧化钙53.4kg。如果用生石灰作为中和剂，要求含氧化钙和氧化镁不少于90%，其中氧化镁≤2%，二氧化硅≤1.2%，三氧化二铝≤1%，不消化颗粒≤7%。加完轻质碳酸钙之后，保持液体温度在90%以上，继续搅拌反应30min，使柠檬酸钙充分生成和析出结晶。

在本工序中要求注意以下几点：

第一，要求一次精细中和到位。一旦中和pH值过大，应及时补加料液反调到位，否则会形成较多的胶状不溶物。

第二，在中和及柠檬酸钙分离的整个操作过程中，料液的温度均不可低于60℃，这样可使草酸盐、葡萄糖酸盐的溶解度增大而控制在母液中，避免其与柠檬酸钙一起结晶析出。

第三，所收集到的柠檬酸钙盐也要用60℃以上的热水洗涤杂质，每洗涤一次后都必须离心甩干。翻料并消除滤饼裂缝后才可进行下一次洗涤操作，否则会影响洗涤效果。

第四，中和操作终点用精密pH试纸测试合格后，还应测定残余酸度和碳酸钙含量两项指标，以保证柠檬酸钙成品的纯度和收率等。具体检验方法如下。

残余酸度的中和控制方法：量取1mL中和液，加入20mL蒸馏水混合均匀后，再加入1%酚酞指示剂2滴。用0.1mol/L的氢氧化钠溶液滴定，如耗用溶液超过0.5mL(10～12滴)，则残余酸度过高，需继续进行中和操作。

含碳酸钙限量的中和控制方法：取柠檬酸钙湿品，加入3mol/L的盐酸数滴于其表层上，如产生显著气泡，则说明湿品中含有大量未反应的碳酸钙。如果前一项检查的耗碱液量在0.5mL以上，则表明反应不完全，应将其湿品继续搅拌，使其反应完全。如果前一项检查的耗碱量在0.5mL以下，则表明碳酸钙过量，可再补加适量浸取液，升温、搅拌，继续进行中和反应(指用柠檬酸中和过量的碳酸钙)，直到取样检查此项时不再产生显著气泡为止。

(5)干燥、包装　将上述经热水洗涤好的柠檬酸钙湿品分装于干燥盘中，送入远红外线电热烘干器中，于60℃下烘干至样品水分含量为12%以下时，即达干燥终点。再经过冷却、粉碎、筛析、化验、分装后，即为外观呈纯白色粉末状的柠檬酸钙成品，含量可达99%以上(干基)，产品质量完全符合食品级和药用标准的有关要求。

2. 薯干深层发酵生产柠檬酸

(1)原料处理　在以薯干为原料的柠檬酸深层发酵生产中，传统上是采用高温灭菌作为原料预处理工艺的，即将温度升至115～120℃，并保持3～5min。高温灭菌显然增加了蒸汽消耗和冷却水用量，同时升降温时间长，延长了生产周期，限制了设备利用率。现在的深层发酵生产柠檬酸的原料预处理采用低温灭菌，其灭菌温度为85～95℃，保温保压1～1.5h，这样可使葡萄糖全部保留下来。由于保温时间的延长，大部分微生物污染得以控制，个别细菌可采用添加少量对发酵菌体无抑制作用的抑菌剂加以解决。待孢子培养液转入后，由于菌体生长优势的形成和产酸的低 pH 值环境,使污染的微生物得以控制。低温灭菌保护了菌体能力,可使糖耗和醪液中的色度降低,改善菌体适应环境的能力,以缩短发酵周期。

醪液的灭菌是与醪液的糖化同时进行。糖化过程中薯干淀粉首先被糊化。糊化的本质是淀粉粒中有序或无序态的淀粉分子间的氢键断开,分散于水中呈胶体溶液的过程。薯干淀粉的最适糊化温度在 80℃左右,如温度略加提高,淀粉颗粒糊化产生的多种可溶性物质和糊精会加大流动性。90℃左右时淀粉分子连接几乎全部丧失。若工艺中添加外源的 α-淀粉酶使醪液液化,在 pH 值为 5.5～6.5 时,其最适作用温度为 85～90℃,与低温灭菌所选温度相符合。醪液的液化与糊化,在低温灭菌过程中处于最适条件,这就为菌体的生长和对糖质原料的利用创造了适宜的环境。

(2)培养　将合格的黑曲霉菌接种在斜面培养基上,在 32～34℃下培养 5～6d,待繁殖旺盛并检验合格后,用无菌水将孢子完全洗下,即得孢子悬浮液。生产中使用的种母醪是在种母罐中制备的。将浓度为 12%～14%的薯干淀粉浆放入灭菌后的种母罐中,通入 98kPa 的蒸汽,蒸煮糊化 15～20min,冷却至 33℃时,接入合格的孢子悬浮液,保持 32～34℃,通无菌空气并搅拌进行培养。每 12h 取样检查是否染杂菌,经 5～6d 培养即可完成。经检验合格后,可投入发酵罐中使用。

(3)发酵、粉碎　过筛后的薯干投入拌和桶中,加水并搅拌使其成为 12%～14%的浆液,用泵打入发酵罐中。通 98kPa 的蒸汽蒸煮、糊化 15～20min,得到糊化醪。冷却至 33℃时,按 8%～10%的接种比例从种母罐接入种母醪,在 33～34℃下搅拌,通无菌空气发酵。发酵开始时控制糊化醪的 pH 值为 5。随着发酵的进行,pH 值逐渐下降。如前所述,发酵时 pH 值不能太低,一般发酵过程中控制 pH 值为 2～3。如果 pH 值低于 2,应加入一定量的经过灭菌的碳酸钙乳剂中和。如果在发酵初期生成少量的草酸,则碳酸钙首先与草酸结合成难溶于水的草酸钙。由于草酸的酸性较强,中和它就很容易使 pH 值回升到 2.5 左右,有利于糖化进行。但也不能将 pH 值调得太高,如果超过 3,就会产生大量草酸。一般在发酵 24～48h 后加入 5～10g/L 的碳酸钙即可。保持 5～6d 即可完成发酵。为了提高产酸量,发酵的前期通入无菌空气的量适当低些,发酵的后期通气量应高些。

(4)提取和中和　发酵醪出料后,经过滤器真空过滤。滤渣为淀粉糊精、胶体、菌丝体等,作为饲料出售。滤液为柠檬酸的发酵液,用泵打入中和桶,加热至 60℃,加入碳酸钙粉末或石灰乳。碳酸钙的用量按下式计算:

$$碳酸钙用量=柠檬酸总量\times 0.718$$

使用的碳酸钙含量为 97%,0.718 为碳酸钙理论用量与柠檬酸总量的比值。

上式中柠檬酸总量通过测定而求出。取一定体积的发酵液放入三角瓶中,加酚酞指示剂 2～3 滴,然后用标定的氢氧化钠溶液滴定至粉红色出现(30s 内粉红色不褪去即可),根据氢氧化钠所用体积及其浓度,可计算出发酵液中柠檬酸的总量。

$$柠檬酸总量=V_{总}\times\frac{c\times V\times 192/3}{V_1\times 1000}$$

式中 c——氢氧化钠的浓度,mol/L;

$V_{总}$——中和桶中发酵液的总体积,mL;

V——滴定时消耗的氢氧化钠体积,mL;

V_1——滴定时取用的发酵液体积,mL;

192/3——柠檬酸的摩尔质量，g/mol。

中和时易产生大量泡沫，这是由于发酵液中有胶体和可溶性蛋白质等易发泡物质，当与中和反应生成的大量二氧化碳气体相遇时，便产生泡沫。因此，必须掌握添加速度，不使反应过于剧烈，以免泡沫携带大量的液体溢出中和桶，造成浪费。

(5)酸解　中和结束后，将料液在中和桶中加热煮沸，使得其他有机酸钙盐溶解，仅柠檬酸钙盐沉淀。这是由于柠檬酸钙的溶解度随温度的升高而减小，而草酸钙的溶解度随温度的升高而增大，葡萄糖酸钙量少，在任何温度下都是溶解状态。因此，在过滤桶中，于90℃下抽滤、弃去滤液，沉淀物用90℃以上的热水洗去夹杂的糖分。检查方法是：在20mL洗涤水中，加1滴1%～2%的高锰酸钾水溶液，3min不变颜色，说明糖分已被洗净。

将洗涤好的柠檬酸钙沉淀放入稀释桶中，加水并搅拌成浆状，泵入酸解桶中，搅拌中缓慢加入98%的浓硫酸，以分解柠檬酸钙。酸解终点按以下方法控制：取甲、乙两支试管，甲管中放入1mL 15%～20%的硫酸，乙管中放入1mL同样浓度的氯化钙溶液，两支试管分别加入1mL过滤得到的澄清酸解液，在水浴上加热至沸，冷却后应不发生浑浊，再分别加1mL 95%的乙醇。从以下三种现象判断酸解状况：

第一，加乙醇后，甲管略浑浊，表示已达终点。

第二，如果加乙醇以前甲管就已经浑浊，表示酸解液中硫酸量不足，应适量补加。

第三，加乙醇后乙管浑浊，表示酸解液中硫酸过量，应稍加一些柠檬酸钙溶液进行调节。

酸解液煮沸30min后，放入过滤筒中，温度控制在80℃左右进行热过滤。硫酸钙滤饼经热水洗涤后弃去，滤液和洗涤液合并在贮液桶中，即得稀柠檬酸溶液。

(6)浓缩、结晶　稀柠檬酸溶液流经装有脱色树脂或活性炭的脱色柱中进行脱色，再流经装有强酸性阳离子交换树脂(如732型阳离子交换树脂)的交换柱，以除去钙、铁等阳离子杂质。

流出离子交换柱的稀柠檬酸溶液，真空抽入真空浓缩锅，在50～60℃、78.9～93.1kPa的真空条件下蒸发浓缩，当柠檬酸的相对密度由1.07提高到1.34～1.35时，浓缩操作即告结束。

浓缩后的柠檬酸溶液趁热真空抽入结晶锅中，以10～25r/min的转速缓慢搅拌，开夹套冷却水，使溶液冷却至30～35℃，必要时加入少量晶种。待温度下降到20℃以下并有大量结晶时，出料至离心机中，进行离心分离。滤液可以进一步浓缩结晶，也可送至稀释桶中，作为加硫酸酸解前的柠檬酸钙打浆用水，滤液还可送至碳酸钙中和工序，中和过量的碳酸钙。滤饼即为柠檬酸结晶，用20℃以下的冷水洗涤后，离心分出水分，然后送入烘房，在35℃以下真空干燥，即得成品——水柠檬酸。

任务七　马铃薯脯、罐头和果酱加工技术

一、马铃薯脯

(一)工艺流程

马铃薯→清洗→去皮→切片→护色→硬化→清洗→烫漂→糖制→烘烤→上糖粉→成品

（二）操作要点

1. 原料选择

选择块茎大、皮薄，还原糖含量低，蛋白质和纤维少的马铃薯品种。

2. 清洗

用清水将经过挑选的马铃薯表皮上的泥沙、尘土洗净。

3. 去皮

可用人工去皮或碱液去皮的方法进行。人工去皮可用小刀将马铃薯的外皮削除，并将其表面修整至光洁、规则；碱液去皮则可将马铃薯块茎放入70℃以上、10%～15%的氢氧化钠溶液中处理到表皮一碰即脱时，立即取出后用水冲洗。

4. 切片

用刀或切片机将马铃薯切成厚1～1.5mm、长4cm、宽2cm的薄片，剔除形状不规则的薯片和杂色薯片。

5. 护色和硬化

切片后，立即将薯片投入含1%维生素C、1.5%柠檬酸和0.1%氯化钙的混合液中处理20min，再用2%的石灰水溶液浸泡2.5～3h。

6. 清洗

用清水将护色、硬化后的薯片漂洗0.5～1h，换水3～5次，洗去薯片表面的淀粉及残余的护色硬化液。

7. 烫漂

将清洗后的薯片在沸水中烫漂5～6min，烫至七八成熟，待薯片不沉时捞出，放在冷水中漂洗，洗净表面的淀粉。

8. 糖制

将处理好的薯片放入网袋中，在夹层锅中配制30%的糖液并用柠檬酸调pH值至4.0～4.3。糖液在夹层锅中煮沸1～2min后，将薯片投入夹层锅中煮制4～8min后捞出，投入到30%的冷糖液中浸渍12h；再分别投入40%、50%、60%、65%的糖液中进行糖煮、糖渍，每个处理所用时间、方法都与30%的糖液处理相同。待薯片煮至半透明状、含糖量达到60%以上时取出，沥去残余的糖液。

9. 烘烤

将薯片摊在烤盘中，在远红外箱中以55～65℃烘烤10～14h，烘至薯片为乳白色至淡黄色、含水量为16%～18%时取出。

10. 上糖粉

烘烤快结束时，在制品的表面撒上薯片重量10%的糖粉（先将砂糖用粉碎机粉碎，并过100目的筛），拌匀后筛去多余的糖粉即得成品。

（三）产品质量标准

1. 感官指标

（1）规格　产品完整、规则，为表面洁净、无杂质的长方形薄片，饱满、不干瘪，无硬心，表面有糖霜，在规定的存放时间内不返砂、不流糖。

（2）色泽　乳白色至淡黄色，透明发亮而有光泽。

（3）口感　甜酸适口，柔软不硬，细嫩化渣。

(4)食品添加剂　按GB 2760—2014规定执行。

2. 理化指标

总糖:60%～65%;水分:16%～18%;维生素C:8～14mL/100g。

3. 微生物指标

大肠菌群≤30个/100g,细菌总数≤750个/g,致病菌不得检出。

(四)产品质量控制措施

1. 原料选择

选新鲜、还原糖含量低的马铃薯,以免在糖制的过程中发生"羰氨反应"而影响制品的颜色。

2. 护色

马铃薯中的酚类物质在氧气的作用下很容易被氧化而变成褐色,因此马铃薯在去皮、切片后应立即投入适当的护色液中进行护色处理。

本品采用下列护色措施:①马铃薯去皮、切片后立即投入0.1%维生素C、1.5%柠檬酸和1%食盐的混合液中浸泡;②糖制前将薯片进行烫漂处理,钝化马铃薯中的多酚氧化酶和过氧化物酶。

3. 硬化

为防止薯片在糖煮过程中软烂破碎而影响制品外形的完整性,本品在护色时或护色后用2%的石灰水溶液浸泡薯片2.5～3h,使马铃薯片中的果胶物质与石灰水中的钙离子结合,形成难溶性的果胶酸钙,使马铃薯细胞相互黏结在一起,提高薯片的耐煮性和酥性。

4. 糖液浓度

糖煮时,初始浓度过大,则薯片细胞内外渗透压相差大,薯片中的水分向糖液扩散,会使马铃薯果脯外形干瘪、饱满程度差,制品产量低。所以本产品采用30%的初始糖液浓度。

5. 维生素C的保持

马铃薯中的维生素C是一种具有重要生理功能的活性物质,很容易被氧化成脱氢维生素C而失去生理活性。本品采用在pH值4.0～4.3的酸性糖液中加热的方法来防止维生素C的氧化,最大限度地保持维生素C的生理活性。

二、马铃薯菠萝复合低糖果脯

马铃薯菠萝复合低糖果脯属于低糖食品,口感风味浓郁,酸度适中,具有良好的经济效益和社会效益。

(一)生产工艺流程

马铃薯→挑选→清洗→去皮→护色→蒸煮
菠萝→挑选→清洗→去皮→护色、脱涩→热烫 }→配比→打浆
↓
成品←包装←冷却、出模←烘烤←装模←调配

(二)操作要点

1. 原料前处理

挑选无伤、无虫害的新鲜马铃薯、菠萝。马铃薯经清洗后去皮,放入护色液中(0.04%抗坏血酸、0.4%柠檬酸和0.2%NaCl混合液)护色,然后放入夹层锅内蒸至八九成熟;菠萝去

皮后放入护色液中，然后用沸水热烫 3～5min。

2. 配比、打浆

把蒸煮后的马铃薯和热烫后的菠萝按 1∶1.2 进行原料配比，然后加少量水一起放入打浆机中进行混合打浆。

3. 调配

把原料浆液、糖液（32％蔗糖＋3％葡萄糖）与适量的柠檬酸和填充剂（由 0.5％果胶＋0.5％海藻酸钠组成的复合填充剂）加入不锈钢锅中，搅拌均匀，并加热煮沸 10～20min。

4. 装模、烘烤、出模、包装

把原料倒入涂食用油的容器内进行烘烤。不同烘烤方式得到的产品有差异，采用鼓风与微波结合干燥 4h 所得的产品品质最好。待烘烤完成后出模、冷却，然后进行真空包装。

三、马铃薯软罐头

（一）原料配方

马铃薯泥料 25kg、色拉油 0.63kg、大葱 0.5kg、精盐 0.18kg、花椒面 50g、味精 25g、清水 6.25L。

（二）生产工艺流程

马铃薯→清洗→去皮→蒸熟→捣烂→调味→加热熬煮→装袋→封口→杀菌→冷却→成品

（三）操作要点

1. 原料处理

选择无腐烂、无损伤的马铃薯为原料，利用清水洗净，然后用不锈钢刀去皮，立即投入 1.2％的食盐水中，防止发生褐变。

2. 蒸熟、捣烂

将马铃薯从水中捞出，放入蒸锅中将其蒸熟或煮熟，然后捞出，放入捣碎机中将马铃薯捣成均匀细腻的泥状。此工序也可利用人工进行。

3. 调味、加热熬煮

按照配方要求的用量将色拉油放入锅中，先将油加热，放入葱花稍炒，加入马铃薯泥，再加入其他调味料和清水，加热熬至含干物质 60％（约熬 30min）即可出锅。加热时应注意铲拌，以防止糊锅。

4. 装袋、封口

将加热并熬好的马铃薯泥装入蒸煮袋中，装量为每袋净重 350g 或 400g，并利用真空封口机进行封口，控制真空度为 59kPa。

5. 杀菌、冷却

装袋后要立即进行杀菌，可采用小型杀菌锅进行，一次可杀菌 50～100 袋。杀菌公式为：5′—30′—5′—反压冷却/115℃（即用 5min 使杀菌温度达到 115℃，恒温保持 30min，冷却时间 5min。采用反压冷却就是使压力高于杀菌压力 0.02～0.03MPa，最终使温度降至 40℃）。杀菌结束后，打开锅，将袋放入冷水中冷却至 40℃左右，擦干沾在袋上的水分，检验合格者即可作为成品。

四、盐水马铃薯罐头

(一)生产工艺流程

选料→清洗→去皮→修整→预煮→分选→配汤→装罐→排气→密封→杀菌→冷却→擦罐→检验→成品

(二)操作要点

1. 选料

剔除伤烂、带绿色、虫蛀等不合格的马铃薯,按横径大小分为 2.5～3.4cm 和 3.5～5.0cm 两级。

2. 清洗

利用清水浸泡马铃薯 1～2h,再将表面的泥沙刷洗干净。

3. 去皮

利用 15%的碱液,95℃以上浸泡 1～2min 后,搅拌至表皮呈褐色,然后捞出,擦去皮,并及时用水冲洗。再用清水浸泡约 1h,洗去残留碱液,并于 2%的盐水中进行护色。

4. 修整

用刀将马铃薯上的芽窝、残皮及斑点修净,按大小切成 2～4 片。

5. 预煮

利用 0.1%的柠檬酸溶液(和马铃薯之比为 1∶1)煮制,以薯块煮透为准。煮后立即用清水冷却并及时装罐。

6. 分选

白色马铃薯与黄色马铃薯分开装罐;修整光滑;大小分开。

7. 配汤

在 2%～2.2%的沸盐水中加入 0.01%的维生素 C。

8. 装罐

按罐的大小分别装入一定比例的薯块和汤水。

9. 排气及密封

将上述装罐后的产品送入排气箱中进行排气,其真空度为 40～53kPa。

10. 杀菌及冷却

净重 450g 的杀菌公式:15′—60′—反压冷却/118℃;净重 850g 的杀菌公式:15′—70′—反压冷却。

11. 擦罐、检验

擦干附在罐身上的水分。抽样,在 30℃下存放 7d,检验合格即可出厂。

(三)成品质量标准

1. 感官指标

成品呈浅黄色或乳白色,色泽大致均匀,汤汁较清,稍有沉淀,具有马铃薯罐头应有的风味,无异味,每罐的马铃薯大小较一致,软硬适中,允许少量开裂。

2. 理化指标

固形物不低于净重的 60%,氯化钠含量为 0.5%～0.9%。

3. 微生物指标

成品应符合商业无菌要求。

五、马铃薯果酱

(一)原料配方

马铃薯4kg,白砂糖4kg,柠檬酸10g,胭脂红色素和食用香精适量,苯甲酸钠2～3g。

(二)生产工艺流程

马铃薯→清洗→蒸煮→去皮→打浆→化糖、配料→浓缩→装瓶→杀菌→冷却→成品

(三)操作要点

1. 原料处理

利用清水将马铃薯洗净,然后放入蒸锅中蒸熟,取出后经过去皮、冷却,送入打浆机中打成泥状。

2. 化糖、浓缩

将白砂糖倒入夹层锅内,加适量水煮沸,溶化,倒入马铃薯泥搅拌,使马铃薯泥与糖水混合,继续加热并不停搅拌以防糊锅。当浆液温度达到107～110℃时,用柠檬酸水溶液调节pH值为3.0～3.5,加入少量稀释的胭脂红色素,即可出锅冷却。温度降至90℃左右时加入适量的山楂香精,继续搅拌。

3. 装瓶、杀菌

为延长保存期,可加入酱重0.1%的苯甲酸钠,趁热装入消过毒的瓶中,将盖旋紧。装瓶时温度超过85℃,可不灭菌;酱温低于85℃时,封盖后,可放入沸水中杀菌10～15min,然后经过冷却即为成品。

六、低糖奶式马铃薯果酱

低糖奶式马铃薯果酱(或称马铃薯菠萝果酱)的特点是果酱含糖量低,优质营养成分丰富,有较佳的口感品质。产品主要用作面制品的夹心填料或涂抹用的甜味料。

(一)原料配方

马铃薯泥150kg、奶粉17.5kg、白砂糖84kg、菠萝酱15kg,适量的柠檬酸(调pH值至4),适量的碘盐、增稠剂和增香剂,水的重量为马铃薯泥、奶粉、白砂糖总重量的10%。

(二)生产工艺流程

菠萝→去皮→打浆→过筛→压滤 }
马铃薯→去皮→切片→护色处理→蒸煮、捣碎→打成匀浆 } →混匀→煮制
↓
成品←分段冷却←封盖、倒置←热装罐←调配

(三)操作要点

1. 切片

马铃薯去皮后要马上切成5～6片,用0.05%的焦亚硫酸钠溶液浸泡10min,并清洗,去除残留硫,汽蒸10min后备用。

2. 过筛

菠萝去皮、打浆,过80目绢布筛。制备增稠剂:琼脂与卡拉胶按1∶2的比例混合后加20倍热水溶解。

3. 调配

马铃薯浆与白砂糖、菠萝浆、奶粉和增稠剂，先在100℃下煮制，起锅前按顺序加柠檬酸、碘盐(占物料总量的0.3%)和增香剂。

4. 热装罐、封盖、冷却

采用85℃以上的温度进行热装罐，瓶子、盖子应预先进行热杀菌，装罐后进行封盖、倒置，然后再分段冷却，检验合格者即为成品。

(四)成品质量标准

1. 感官指标

成品为(淡)黄色，有光泽，色泽均匀一致；口感酸甜，具有牛奶及菠萝的固有香味，无明显马铃薯味；酱体为黏稠胶状，表面无液体渗出。

2. 理化指标

成品含糖量(转化糖)≤35%，总可溶性固形物≤40%(以折光度计)。

3. 卫生指标

成品中的锡含量(以Sn计)≤200mg/kg，铅含量(以Pb计)≤2mg/kg，铜含量(以Cu计)≤10mg/kg；无致病菌及微生物作用引起的腐败现象。

七、马铃薯、胡萝卜果丹皮

(一)原料配方

马铃薯和胡萝卜(3∶7或2∶8)100kg、白砂糖60～70kg、柠檬酸适量、水40～50kg。

(二)生产工艺流程

原料选择→清洗→蒸煮→破碎→过筛→浓缩→刮片→烘烤→揭片→包转→成品

(三)操作要点

1. 选料

选新鲜马铃薯和胡萝卜，去除纤维部分，挖去马铃薯的发芽部分。

2. 清洗

用清水将上述原料洗净后，切成薄片。

3. 蒸煮

将切好的薄片放入锅中，加水蒸煮30min左右，至马铃薯和胡萝卜柔软、可打成浆为宜。

4. 破碎

用锤式粉碎机或打浆机将蒸煮的马铃薯和胡萝卜打成泥浆，越细越好。要求用筛孔直径为0.6mm的筛过滤。

5. 浓缩

在过滤后的浆液中加入白砂糖，同时加入少量柠檬酸，熬煮一段时间。当浆液呈稠糊状时，用铲子铲起，往下落成薄片形即可。此时用精密pH试纸检测糊浆，pH值为3左右时便可。如酸度不够，可补加适量柠檬酸溶液。

6. 刮片

将浓缩好的糊状物倒在玻璃板上，也可用较厚的塑料布代替玻璃板，用木板条刮成0.5cm厚的薄片，不宜太薄，也不宜太厚。太薄，制品发硬；太厚，则起片时易碎。

7. 烘烤、揭片

将刮片的果浆放入烘房，在 55～65℃下烘烤 12～16h，至果浆变成有韧性的果皮时揭片。

（四）产品质量标准

1. 感官指标

成品为橘红色；酸甜适口。

2. 理化指标

水分≤15%，总糖 60%～65%，总酸 2.5%。

任务八　马铃薯面包、饼干和糕点加工技术

一、马铃薯饼干

（一）原料配方

马铃薯全粉 40kg、马铃薯淀粉 20kg、面粉 40kg、植物油 14～16kg、鸡蛋 8kg、糖 30～32kg，香精、碳酸氢钠和碳酸氢铵适量。

（二）生产工艺流程

面团调制→辊轧成型→烘烤→冷却→包装→成品

（三）操作要点

1. 面团调制

将疏松剂碳酸氢钠和碳酸氢铵放入和面机中，加入冷水将其溶解，依次加入糖、鸡蛋液和香精，充分搅拌均匀后，将预先混合均匀的马铃薯全粉、马铃薯淀粉和面粉放入和面机内，充分混匀。面团调制温度以 24～27℃为宜，面团温度过低，黏性增加；温度过高，则会增加面筋的弹性。

2. 成型

面团调制好后，送入辊轧成型机中经辊轧成型即可进行烘烤。

3. 烘烤

采用高温短时工艺烘烤，烘烤前期温度为 230～250℃，以使饼干迅速膨胀和定型；后期温度为 180～200℃，是脱水和着色阶段。因酥性饼干脱水不多，且原料上色好，故采用较低的温度，烘烤时间为 3～5min。

4. 冷却、包装

烘烤结束后的饼干采用自然冷却的方法进行冷却，时间为 6～8min，冷却过程是饼干内水分再分配及水分继续向空气扩散的过程，不经冷却的酥性饼干易变形，

经冷却的饼干待定型后即可进行包装，经过包装的产品即为成品。

（四）成品质量标准

1. 感官指标

成品的形状、大小、厚薄一致，呈金黄色或黄褐色，色泽基本均匀，口感酥松。

2. 理化指标

成品的水分≤6%，碱度（以碳酸钠计）≤0.5%。

二、马铃薯桃酥

(一)原料配方

面粉80kg、马铃薯全粉25kg、白砂糖30kg、猪油及花生油25kg、碳酸氢铵1kg、水18～20L。

(二)生产工艺流程

面团调制→切剂→成型→烘烤→冷却→包装→成品

(三)操作要点

1. 面团调制

将糖、碳酸氢铵放入和面机中,加水搅拌均匀,再加入油继续搅拌,最后加入预先混合均匀的马铃薯全粉和面粉,搅拌均匀即可。

2. 切剂

将调制好的面团切成若干长方形的条,再搓成长圆条,按定量切出面剂,每剂约45g,然后撒上干面粉。

3. 成型

将面剂放入模具内压实,再将其表面削平,磕出即为生坯,按照一定的间隔距离均匀地放入烤盘。

4. 烘烤

将烤盘放入烤箱或烤炉中,烘烤温度为180～190℃,烘烤时间为10～12min。烘烤结束后,经过自然冷却或吹风冷却,经包装后即为成品。

(四)成品质量标准

产品扁圆形,周正,大小、厚薄一致,摊裂均匀,不焦边、不糊底,内有均匀的小蜂窝,酥松香甜,无异味。

三、马铃薯保健面包

(一)原料配方

高筋面粉10kg、绵白糖2kg、黄奶油2kg、鸡蛋2kg、马铃薯1.5kg、酵母0.15kg、面包添加剂0.03kg、水4L、精盐0.2kg。

(二)生产工艺流程

原料选择→马铃薯液的制备→原辅料预处理→面团调制→发酵→压面→分割、搓圆→静置→成型→醒发→烘烤→出炉→冷却→包装→成品

(三)操作要点

1. 原料选择

注意选用优质、无杂、无虫,合乎等级要求的原料。

2. 马铃薯液的制备

用清水将马铃薯清洗干净,然后煮熟、去皮,研成马铃薯泥(煮马铃薯的水留下备用)。取马铃薯泥、煮马铃薯水配制成一定浓度的马铃薯溶液,备用。

3. 原辅料预处理

面粉进行过筛备用;酵母、面包添加剂、白糖、精盐分别用温水溶化,备用;鸡蛋打散,

备用。

4. 面团调制

先将面粉倒入食品搅拌机内，进行慢速搅拌，在加入马铃薯溶液、鸡蛋及酵母、面包添加剂、白糖、精盐的溶解液后，进行快速搅拌，待面筋初步形成后，加入黄奶油搅拌成细腻、有光泽且弹性和延伸性都很好的面团。

5. 发酵

发酵的理想条件是：温度27℃，相对湿度75%。温度过低则发酵慢，保气能力变差，组织粗糙，表皮厚，易起泡；温度过高则易生杂菌，发酸，风味不佳，颗粒大，表皮颜色深。

6. 压面

压面是利用机械压力使面团组织重排、面筋重组的过程，进而使面团结构均匀一致，气体排放彻底，弹性和延伸性达到最佳，更柔软，易于操作。制成后的成品组织细腻，颗粒小，气孔细，表皮光滑，颜色均匀。若压面不足，则面包表皮不光滑，有斑点，组织粗糙，气孔大；若压面过度，则面筋损伤断裂，面团发黏，不易成型，面包体积小。

7. 分割、成型

分割、成型工序坚持一个“快”字，以减少水分散失，并使室温适中。应注意的一点是分割后的小面团要进行称量，以保证最终面包的质量。

8. 醒发

将成型好的面包坯放入烤盘中，一起送入提前调好的温度为38℃、相对湿度为85%的面包醒发箱中，醒发1h左右。若醒发温度过高，则水分蒸发太快，造成表面结皮；温度过低，则醒发时间长，内部颗粒大，入炉时面团下陷。湿度过高，则表皮起泡，颜色深；湿度过低，则表皮厚，颜色浅，体积小。

9. 烘烤

将醒发好的面包坯放入提前预热好的面火为190℃、底火为230℃的烤箱中进行烘烤，烤至表面焦黄色时出炉。若烘烤温度过高，则面包表皮形成过早，限制了面团膨胀，体积小，表皮易起泡，烘烤不均匀(外熟内生)；温度过低，则表皮厚，颜色浅，内部组织粗糙，颗粒大。

10. 冷却

烘烤结束后将面包出炉，趁热在表面刷上一层植物油，然后进行冷却。产品经过冷却、包装即为成品。

(四)成品质量标准

1. 感官指标

滋味与气味：口感柔软，具有面包的特殊风味；组织状态：内部色泽洁白，组织蓬松细腻，气孔均匀，弹性好；色泽：金黄色或淡棕色，表面光滑，有光泽。

2. 理化指标

比容≥3.4mL/g，水分35%～46%。

3. 微生物指标

细菌总数≤750个/g，大肠菌群≤40个/g，致病菌不得检出。

四、马铃薯米醋强化面包

（一）原料配方

面包粉380g，马铃薯75g，绵白糖60g，盐4g，鸡蛋1个，油30g，酵母4g，面包添加剂1.5g，卵磷脂、米醋、水各适量。

（二）生产工艺流程

1. 米醋制备工艺流程

糯米→清洗→浸泡→蒸煮→冷却→混合→酒精发酵→压滤→酒液稀释→接种→醋酸发酵→陈酿→灭菌→米醋

2. 马铃薯泥制备工艺流程

新鲜马铃薯→选料→洗涤→剥皮→切片→浸泡→蒸煮→捣烂（或搅烂）→马铃薯泥→备用

3. 面包的生产工艺流程

鸡蛋、糖、米醋、卵磷脂、面包添加剂→加水调制→加面粉、酵母、马铃薯泥混合→搅拌→最终面坯→静置→切块→称量→搓圆→整形→摆盘→发酵→烘烤→冷却→脱盘→成品

（三）操作要点

1. 米醋的制备

精白米用水洗净后，在水中浸泡20h，捞出后放在锅中蒸煮，常压下蒸30min左右，使米粒松软熟透。冷却至35～38℃后接入酒曲，置培养室内培养发酵，在糖化的同时还进行酒精发酵。在28～30℃下经过30d的酒精发酵后，得到酒醪。乙醇含量为16%～18%。然后挤压出酒糟，分离酒液。将酒液用水稀释至酒精含量为8%左右，达到醋酸菌的发酵浓度，再将醋酸菌菌种接入酒液，进行醋酸发酵。醋酸发酵结束后，进行陈酿、杀菌后制得所需米醋产品。最后所得米醋的氨基酸含量为250mg/L，可溶性固形物为2.5%。由于米醋酿造过程中加入了多种微生物，通过代谢产生多种营养物质，这些营养物质在面包中具有极为重要的作用。

2. 马铃薯泥的制备

（1）选料　选择优质马铃薯，无青皮、虫害，个大、均匀。禁止使用发芽或发绿的马铃薯。因为马铃薯含有茄科植物共有的龙葵素，主要集中在薯皮和芽眼中，因而当马铃薯发芽或发绿时，必须将发芽或发绿部分削除，或者整个剔除。

（2）切片　将马铃薯用刀切成15mm厚的薄片。

（3）浸泡　马铃薯切片后，立即投入到3%的柠檬酸和0.2%的抗坏血酸溶液或亚硫酸溶液中。因为去皮后马铃薯易发生褐变，浸泡处理可避免马铃薯片在加工过程中褐变。

（4）蒸煮　常压下利用蒸汽蒸煮30min。

（5）捣烂　蒸煮后稍冷却片刻，用搅拌机搅成马铃薯泥。

3. 面包的生产

将面粉和酵母混合均匀后，倒入搅拌机中，与制备好的马铃薯泥搅拌均匀。将糖、鸡蛋、米醋、面包添加剂、卵磷脂等加入30℃的温水中调匀，投入搅拌机继续搅拌。在面坯中的面筋尚未充分形成时，加入色拉油继续搅拌。当面团不黏手，手拉面团有很大的弹性时，加入精盐再搅拌10～15min即可。从搅拌机中取出已经揉好的面团，静置，将面团分割成100g

左右的生坯，揉圆入模，在38℃、相对湿度85%以上的恒温恒湿箱中发酵2.5h，然后送入远红外线烘箱(炉)中，于198℃下烘烤约10min，取出，经过冷却、包装即为成品。

(四)成品质量标准

1. 感官指标

色泽：表面呈金黄色，均匀一致，无斑点，无发白现象，瓤呈淡黄色，有光泽；气味：具有浓郁的烘烤香味；口感：松软适口，不酸不黏，无异味；结构：细腻，有弹性，切面气孔大小均匀一致，纹理结构清晰；风味：具有马铃薯固有的风味，无异味、无霉味、无酸味。

2. 理化指标

水分35%～36%，比容3.4mL/g，酸度6°T。

3. 微生物指标

细菌总数<750个/g，大肠菌群<30个/100g，致病菌不得检出。

五、马铃薯乐口酥

(一)原料配方

马铃薯泥100kg，淀粉12～15kg，奶粉1kg，香甜泡打粉1.5kg，食盐1kg，糖7～8kg，调味料适量。

(二)生产工艺流程

马铃薯→选料→清洗→去皮→蒸熟→搅碎→配料→搅拌→漏丝→油炸→调味→烘干→包装→成品

(三)操作要点

1. 选料、清洗

选用无芽、无冻伤、无霉烂、无病虫害的马铃薯为原料，放入清洗池或清洗机中洗去泥沙。

2. 去皮

用去皮机将马铃薯皮去掉或采用碱液去皮法去皮。如果生产量较小，可蒸熟后将皮剥掉。

3. 蒸熟

利用蒸汽将马铃薯蒸熟。为缩短蒸熟时间，可将马铃薯切成适当的块或条。

4. 搅碎、配料、搅拌

利用绞肉机或搅拌机将熟马铃薯搅成马铃薯泥，然后按照配方加入其他原料，搅拌均匀后，放置一段时间。

5. 漏丝、油炸、调味

将糊状物放入漏孔直径为3～4mm的漏粉机中，其压出的糊状丝直接掉入180℃左右的油炸锅中，压出量为漂在油层表面3cm厚为宜，以防泥丝入锅成团。当泡沫消失后便可出锅，一般炸3min左右。当炸至深黄色时即可捞出(炸透而不焦煳)，放在网状筛内，及时撒入调味料，令其自然冷却。

6. 烘干

将炸好的丝放入烘干房内烘干，也可用电风扇吹干，一般吹1～2d，产品便可酥脆。

（四）成品质量标准

1. 感官指标

色泽：呈深黄色；口感：入口酥脆、无异味；规格形状：呈长短不等的细丝状，丝的直径为2.5～3mm。

2. 理化指标

脂肪25%，蛋白质5%，水分<6%。

3. 微生物指标

细菌总数≤750个/g，大肠菌群≤30个/100g，致病菌不得检出。

六、马铃薯油炸糕

（一）原料配方

马铃薯泥500g，熟面粉400g，白糖、熟芝麻面各50g，豆油1 000g（实耗100g）。

（二）生产工艺流程

面粉→蒸制
↓
原料选择→处理→马铃薯泥→成型→油炸→成品

（三）操作要点

1. 马铃薯泥制备

选无芽马铃薯（不用青马铃薯，以免影响口感），利用清水洗净，用去皮机去皮，再用水洗净，上蒸笼蒸熟（不要靠锅边，以免烤煳影响口感）；用绞馅机将熟马铃薯搅成泥（不要有小块）。

2. 熟面粉制备

所用的熟面粉为蒸面，在蒸面时上下蒸笼都要用棍插上孔，以便上下通气。蒸熟后稍冷却即进行筛粉，否则，冷却时间长会使面粉结成硬块，筛粉困难。

3. 油炸糕制作

将马铃薯泥、熟面粉与适量的小苏打混合，揉成面团，醒发10min，分成30个剂子，搓圆压扁，用擀面杖擀成饼，厚薄适度，醒发10min；豆油入锅烧至七成热时，将饼沿锅边放入，炸至金黄色时捞出，装入盘中，撒上糖和熟芝麻面即成。

七、马铃薯菠萝豆

（一）原料配方

马铃薯淀粉25kg、精白糖12.5kg、薄力粉2.0kg、粉状葡萄糖1.15kg、脱脂奶粉0.5kg、鸡蛋4kg、蜂蜜1kg、碳酸氢铵0.025kg。

（二）生产工艺流程

原料→混合→压面→切割→滚圆成型→烘烤→包装→成品

（三）操作要点

1. 混合

先将除淀粉之外的所有原料在立式搅拌机中混合搅拌10min，然后加入马铃薯淀粉，利用卧式搅拌机搅拌3min左右，和成面团。

2. 压面

和好的面团用饼干成型机三段压延，压成 9mm 厚的面片，然后用纵横切刀切成正方形。

3. 滚圆成型

将正方形小块面团用滚圆成型机滚成球状。

4. 烘烤

将球状的菠萝豆整齐地排列在传送带上，在传送的过程中，喷雾器喷出细密的水雾，使菠萝豆外表光滑。烘烤温度为 200～230℃，烘烤时间为 4min。

5. 包装

烘烤结束后，经过自然冷却后进行分筛，除去残渣后进行包装即为成品。

八、营养泡司

该产品不仅风味独特，花样多变，而且可以对某些营养素进行强化，可作为儿童及老年人补钙、补铁的小食品。生产工艺较为简单，成本低，占地面积小，易于工业化生产。

（一）生产工艺流程

马铃薯淀粉→打浆→糊化→调粉→成型→汽蒸→老化→切片或切条→干燥→油炸膨化→滗油→调味→包装→成品

（二）操作要点

1. 打浆

将 10L 水和 10kg 马铃薯淀粉放入拌粉机中搅拌均匀。

2. 糊化

在打浆后的浆料中加入 3～4L 沸水，边加沸水边不断地搅拌，至呈透明的糊状为止。温度控制在 60～80℃。

3. 调粉

在已糊化的淀粉中按表 1-1 的比例加入各种调味料及营养强化剂，搅拌均匀后，再加入 50kg 马铃薯淀粉，调制成均匀一致、无干粉块的面团。

表 1-1　原料配比表

单位:kg

泡司品种	蔗糖	精盐	味精	紫菜末	海米粉	柠檬酸钙	磷酸二氢钙	硫酸亚铁
富钙、海鲜油炸膨化食品	0.6	0.85	0.2	1.5	—	0.86	0.68	—
富铁、海鲜油炸膨化食品	0.6	0.85	0.2	1.5	—	0.86	—	0.004 5
富钙、虾鲜油炸膨化食品	0.6	0.85	0.2	—	1.5	0.86	0.68	—

4. 成型

将面团制成长为 45mm、直径为 30mm 的椭圆形截面的面棍。

5. 汽蒸

利用98.067kPa的蒸汽蒸1h左右，使面团熟化充分，呈半透明状，组织较软，富有弹性。

6. 老化

待熟化面团凉透后，置于2～5℃下放置24～48h，使汽蒸后胀粗的条团恢复原状，呈不透明状，组织变硬，富有弹性。

7. 切片或切条

利用不锈钢刀切成1.5mm厚的薄片，或切成厚1.5mm、宽5～8mm的条状。

8. 干燥

将切片或切条后的坯料放置于烘干机内，于45～50℃下烘干，时间为6～7h。烘干的坯料呈半透明状，质地脆硬，用手掰开后断面有光泽，水分含量为5.5%～6.0%。

9. 油炸膨化

使用精炼植物油或棕榈油油炸。可采用间歇式油炸或连续式油炸，投料量应均匀一致，不可过大，油温应严格控制在180℃左右。若油温过低，坯料内水分汽化速度较慢，短时间内形成的喷爆压力较低，使产品的膨化率下降；油温过高，制品易卷曲、发焦，影响感官效果。

10. 调味

可根据需要，对制品拌撒不同类型的调味料，以使成品的气味和滋味更加诱人。

九、橘香马铃薯条

（一）原料配方

马铃薯100kg，面粉11kg，白砂糖5kg，柑橘皮4kg，奶粉1～2kg，发酵粉0.4～0.5kg，植物油适量。

（二）生产工艺流程

选料→制泥→制柑橘皮粉→拌粉→定型→炸制→风干→包装→成品

（三）操作要点

1. 制马铃薯泥

选无芽、无霉烂、无病虫害的新鲜马铃薯，浸泡1h左右后用清水洗净其表面泥沙等杂质，然后置蒸锅内蒸熟，取出，去皮，粉碎成泥状。

2. 制柑橘皮粉

将柑橘皮清洗，用清水煮沸5min，倒入石灰水中浸泡2～3h，再用清水反复冲洗干净，切成小粒，放入5%～10%盐水中浸泡1～3h，并用清水漂去盐分，晾干，碾成粉状。

3. 拌粉

按配方将各种原料放入和面机中，充分搅拌均匀，静置5～8min。

4. 定型、炸制

将适量植物油加热，待油温升至150℃左右时，将拌匀的马铃薯混合料通过压条机压入油中。当泡沫消失，马铃薯条呈金黄色时即可捞出。

5. 风干、包装

将捞出的马铃薯条放在网筛上，置于干燥通风处冷却至室温，经密封包装即为成品。

十、马铃薯三明治

马铃薯三明治是以新鲜马铃薯为主料，配以肉类、各种蔬菜、食用菌、天然调味品等辅料制作的形似“三明治”的食品。它采用现代先进工艺与设备，使产品呈现白、绿、红相间的色泽，外形诱人，味道鲜美，口感独特，是一种食用方便、保质期长、物美价廉、营养丰富的方便食品，可配菜，也可单独食用。

（一）原料配方

马铃薯 50%，鲜猪肉 15%，蘑菇 15%，胡萝卜 15%，其他调味品 5%。

（二）生产工艺流程

选料→打浆→调配→包装→成型→蒸煮→冷却→成品

（三）操作要点

1. 选料

选用无病变、霉烂的新鲜马铃薯，去皮，蒸熟；鲜猪肉去掉肥肉，用绞肉机绞成肉泥；其他原料也打成浆泥状。

2. 调配

将上述 3 种原料按配方和不同的调味品混合调配均匀待用。

3. 成型

将 3 种原料分上、中、下 3 层，压成正方形或长方形，然后装入耐高温、透明、可食用的包装袋中封口。

4. 蒸煮

在 100℃的蒸汽中蒸 20～25min，蒸熟，然后自然冷却。该产品层次分明，保持天然色泽，切片细腻，入口鲜嫩。

十一、马铃薯萨其马

萨其马是一种人们喜爱的糕点类食品，传统的产品是以鸡蛋为主料制作而成。在人们追求食品健康、营养的今天，开发出一种以马铃薯为原料的“萨其马”，不但可以丰富产品种类，而且由于马铃薯粗纤维含量高、脂肪低、蛋白低、无面粉，必将成为喜欢“萨其马”又恐其高糖、高脂肪人群青睐的糕点。

（一）生产工艺流程

选料→蒸熟→调配→压片、切丝→油炸→拌糖→成型→包装→成品

（二）操作要点

1. 选料

将新鲜马铃薯清洗、去皮、蒸熟，并打成泥状。

2. 调配

按比例将调味品与原辅料混合均匀，在压片机上压成 2mm 的薄片，并切成丝。

3. 油炸

将薯丝在 130℃的油温下炸至饼丝酥脆，迅速捞出，沥去表面浮油。

4. 拌糖

白糖与糖稀按 3∶1 的比例混合，熬成质量分数为 80%的浓糖液，均匀地拌在薯丝上

面，趁热压模成型，自然冷却后包装。

十二、马铃薯栲栳

栲栳是指由柳条编成的容器，形状像斗，也叫笆斗。这里所说的栲栳即“莜面窝窝”，为食界一绝，传统方法为手工制作。其原料为北方莜面，经手艺高超的加工者手工推卷成面筒，整齐地排在笼屉上，它薄如纸，柔如绸，食之筋道。在传统工艺制作的基础上揉和马铃薯粉，并用加工机械制作成的栲栳，不但口感更趋完美，而且保质期长，食用方便。相信这一地方特色食品会很快走向全国市场。

(一)生产工艺流程

和面→制馅→压片→包馅→卷筒→蒸制→包装→成品

(二)操作要点

1. 和面

将马铃薯全粉和莜麦粉按比例混合，加入适量沸水，在和面机中迅速搅拌，调制成软硬适度的面团。

2. 制馅

精选无脂羊肉，在绞肉机中绞成肉泥，再加入适量的葱、姜、蒜、盐、五香粉等调料，在锅中微炒。

3. 压片

在滚压式压片机中，趁热将面团压成薄片，再切成长方形片状。

4. 包馅

在面片上均匀涂上羊肉馅，然后将一边折起，卷成圆筒状。

5. 蒸制

把卷成筒状的栲栳竖立放在蒸笼中蒸20min左右。

6. 包装

将蒸熟后的栲栳趁热装入保鲜盒内，封口要严，常温下的保质期为1周，冷藏保存的时间可达2个月之久。

十三、马铃薯发糕

(一)原料配方

马铃薯干粉20kg，面粉3kg，苏打0.75kg，白砂糖3kg，红糖1kg，花生米2kg，芝麻1kg。

(二)生产工艺流程

原料→混合→发酵→蒸料→涂衣→包装→成品

(三)操作要点

1. 混合

将马铃薯干粉、面粉、苏打、白砂糖加水混合均匀，而后将油炸后的花生米混匀其中。

2. 发酵

将混合料于30～40℃下发酵。

3. 蒸料

将发酵后的面团揉好，置于笼屉上，铺平，用旺火蒸熟。

4. 涂衣

将蒸熟后的产品切成各式各样，在一面上涂一定量溶化的红糖，滚粘一些芝麻，冷却，即成马铃薯发糕。

任务九　其他马铃薯食品加工技术

一、脱皮马铃薯

近 10 年来，在发展中国家，脱皮马铃薯的产量急剧增加，这类产品主要供应饭店、快餐店、零售商店等。

（一）生产工艺流程

马铃薯→清洗→去皮→整理→化学处理→沥水→包装→冷藏

（二）操作要点

1. 清洗

清洗的目的是去除马铃薯表面的泥土和杂质。在生产实践中，可通过流送槽将马铃薯输送到清洗机中。流送槽一方面起输送作用，另一方面可对马铃薯进行浸泡粗洗。清洗机可选用鼓风式的，依靠空气搅拌和滚筒的摩擦作用，伴随高压水的喷洗，把马铃薯清洗干净。

2. 去皮

主要有以下三种方法：摩擦去皮；蒸汽去皮；碱液去皮。这些方法前文已述及，此处从略。

3. 整理

整理的目的是除去马铃薯的外皮和芽眼等。因为芽眼处龙葵素和酚类物质含量较高，所以应尽可能去除干净。

4. 化学处理

经过整理的马铃薯，根据销售的需要可以是整个的或切成条的。处理后马铃薯应立即用亚硫酸盐溶液喷淋，防止酶促褐变反应。

5. 包装、冷藏

经化学处理过的马铃薯产品沥干水分，根据销售的需要分装于不同的包装中，冷藏保存。

二、脱水马铃薯丁

脱水马铃薯丁是一种高质量的马铃薯食品，在食品市场上的地位越来越重要，可用于各种食品，如罐头肉、焖牛肉、冻肉馅饼、汤类、马铃薯沙拉等。

（一）生产工艺流程

原料→清洗→去皮→切丁→漂烫→冷水洗涤→化学处理→脱水干燥→冷却→成品

（二）操作要点

1. 原料

在选择马铃薯时，要对其进行还原糖与固形物总含量的测定。在马铃薯脱水的情况下，氨基酸与糖可能发生反应，引起褐变，因此应采用还原糖含量低的品种。固形物含量高的原料制成脱水马铃薯丁，能表现出优良的性能。各类马铃薯的相对密度有很大的不同，其中相对密度大的原料具有优良的烹饪特性。

除了以上两种因素外，还应考虑马铃薯的大小、类型是否一致，是否光滑，有没有发芽现象。同时还要把马铃薯切开，检查其内部是否有不同程度的坏死及其他病虫害，并检查其色泽、气味、味道等。

2. 清洗

必须将马铃薯清洗干净，除去其上黏附的泥土，减少污染的微生物。清洗之后要立刻进行初步检查，除掉因轻微发绿、霉烂、机械损伤或其他病害而不适宜销售的马铃薯。

3. 去皮

马铃薯在收获后不能及时进行加工，而经过一段时间的贮藏后，去皮比较困难，采用蒸汽去皮和碱液去皮的方法比较有效。加工季节早期用蒸汽去皮为宜，比碱液去皮的损失小；后期采用碱液去皮会更经济和适宜些。

马铃薯去皮时使用蒸汽或碱液常常能加剧褐变的发生。在马铃薯的边缘，尤其是维管束周围出现变黑的反应物，比其他部分更集中些。变色的程度取决于马铃薯暴露在空气中的程度。因此，应尽量减少去皮马铃薯暴露在空气中的时间，或者向马铃薯表面淋水，或者将马铃薯浸于水中，这样就可以减少变色现象。若其变色倾向严重，可采用二氧化硫和亚硫酸盐等还原化合物溶液来保持马铃薯表面的湿润。

4. 切丁

切丁前要对马铃薯进行分类，拣选去不合格薯块。在进行清理时，必须注意薯块在空气中暴露的时间，以防止其发生过分的氧化，同时通过安装在输送线上的一个个喷水器，不断地喷水，保持马铃薯表面的湿润。

马铃薯块切丁是在标准化的切丁机里进行的，将马铃薯送入切丁机的同时需加入一定流量的水以保持刀口的湿润和清洁。被切开的马铃薯表面在漂烫前必须洗干净。马铃薯丁大小应根据市场及食用者的要求而定。

5. 漂烫

马铃薯块茎中包含大量的酶，这些酶在马铃薯的新陈代谢过程中起着重要的作用。有的酶可以使切开的马铃薯表面变黑，有的酶参与碳水化合物的变化，有的酶则使马铃薯中的脂肪分解。用加热或其他一些方法可以将这些酶破坏，或使其失去活力。漂烫还可以减少微生物的污染。马铃薯丁在切好后，加热至 94～100℃ 进行漂烫。漂烫是在水中或蒸汽中进行的。用蒸汽漂烫时，将马铃薯丁置于不锈钢输送器的悬挂式皮带上，更先进的是放入螺旋式输送器中，使其暴露在蒸汽中加热。通常情况下，蒸汽漂烫所损失的可溶性固形物比水漂烫的少，这是由于用水漂烫时，马铃薯中的可溶性固形物都溶到了水中。

漂烫时间从 2～12min 不等，视所用温度高低、马铃薯丁的大小、漂烫机容量大小、漂烫机内热量分布是否均匀以及马铃薯品种和成熟度等的不同而有差异。漂烫程度对成品的质地与外观有明显影响，漂烫过度会使马铃薯变软或成糊状。漂烫之后要立即喷水冲洗，除去马铃薯表面的胶状淀粉，防止其在脱水时出现粘连现象。

6. 化学处理

马铃薯丁在漂烫后，需立即用亚硫酸盐溶液喷淋。用亚硫酸盐处理后的马铃薯丁，在脱水时允许使用较高的温度，这样可以提高脱水的速度和工厂的生产能力。在较高的温度下

脱水，可产生制度化疏松的产品，而且产品的复水性能好，还可以防止其在脱水时产生非酶褐变与焦化现象，有利于产品贮藏。但应该注意产品的含水量不能过高，否则会使亚硫酸盐失效。成品中二氧化硫的含量不得超过0.05%。

氯化钙具有使马铃薯丁质地坚实、避免其变软和控制热能损耗的效果。当马铃薯丁从漂烫机中出来时，立即喷洒含有氯化钙的溶液，可以防止马铃薯丁在烹调时变软，并使之迅速复水。但在进行钙盐处理时，不能同时使用亚硫酸盐，以免产生亚硫酸钙沉淀。

7. 脱水干燥

脱水速度的快慢影响到产品的密度。脱水速度越快，密度也越低。通过带式烘干机脱水，可以很方便地控制温度、风量和风速，以获得最佳脱水效果。在带式烘干机上，烘干的温度一般从135℃逐渐下降到79℃，约需1h，要求水分降到26%～35%；再从79℃逐渐下降到60℃，用2～3h，要求水分降低至10%～15%；最后从60℃降到37.5℃，用4～8h，水分降到10%以下。随着现代新技术的发展，使用微波进行马铃薯丁脱水，效果好、速度快，在几分钟内即可将马铃薯丁的含水量降低到2%～3%。快速脱水还会产生一种泡沫作用，对复水很有好处。马铃薯中的水分透过表面迅速扩散，可以防止因周围空气干燥而伴随产生的表面变硬现象。

8. 分类筛选

产品在脱水后要进行检查，将变色的马铃薯丁除掉。可用手工检选，也可用电子分类检选机检选。加工过程中，成品中总会夹杂一些不合要求的部分，如马铃薯皮、黑斑、黄化块等，使用气动力分离机进行除杂检选，可使产品符合规定，保持其大小均匀，没有碎片和小块。

9. 包装

产品包装多采用牛皮纸袋包装，其重量从2.4kg至4.6kg不等；亦可用盒、袋、蜡纸包装。

三、马铃薯饮料

马铃薯营养成分丰富，可以利用其提取淀粉过程中得到的下脚液中含有的丰富营养，将其生产成饮料。

（一）生产工艺流程

原料选择→清洗→切片→热烫→打浆→离心分离→上清液→混合→均质→脱气→灌装→封口→杀菌→成品

（姜汁、白砂糖→混合）

（二）操作要点

1. 原料选择

选择块茎形状整齐、皮薄、光滑、芽眼浅而少、无病虫害的马铃薯为原料（绝对禁止使用发芽或变绿的马铃薯）。

2. 姜汁制备

利用清水将鲜姜清洗干净后切片，放入95～100℃的热水中热烫2min，然后加4倍水进行打浆，得到的浆液浸泡1.5～2h，最后过滤得到姜汁。

3. 清洗、切片

利用清水将选择好的马铃薯清洗干净，然后切片，厚度一般为 3～4mm。切片后的马铃薯应立即浸没在水中，以防止与空气接触而发生褐变。

4. 热烫

将马铃薯片从水中捞出后，放入 95～100℃的热水中漂烫 1min，立即放入清水中冲洗冷却，防止组织继续变软。

5. 打浆、离心分离

将热烫后的马铃薯送入打浆机中打浆，以破坏马铃薯的块茎细胞，使细胞壁包裹的淀粉颗粒游离出来，与蛋白质很好地分开。打浆过程中加入 3～3.5 倍的水，并加入一定量的护色剂以防止褐变，时间为 10min 左右。然后采用离心沉淀分离机进行离心沉淀 10min，转速为 2 500～3 000r/min，使淀粉沉降而与蛋白质分离。沉降的淀粉用来生产马铃薯淀粉，得到的上清液用于生产饮料。

6. 混合

将上述得到的上清液（也可以利用生产马铃薯淀粉后得到的下脚液）过滤，除去马铃薯皮及大颗粒，在得到的滤液中加入姜汁、白砂糖、稳定剂、柠檬酸和水。基本配方（以 100mL 饮料计）：10g 马铃薯打浆、离心后的上清液配以姜汁 7.5mL、白砂糖 8g、柠檬酸 0.08g、海藻酸钠 0.12g、CMC（羧甲基纤维素）0.04g。

7. 均质

将配好的饮料送入高压均质机中进行均质处理，温度为 80℃左右，压力为 20～25MPa，共进行两次。

8. 脱气、杀菌、灌装

为避免饮料氧化、变味，抑制好气性微生物的繁殖，须去除附着于悬浮微粒上的气体，减少微粒上浮，防止杀菌时产生泡沫，在 50～70℃下脱气，脱气后将饮料进行灌装、封口，然后进行巴氏杀菌，冷却后即为成品。

四、马铃薯淀粉糯米纸

糯米纸原用糯米作主要原料制成。现用马铃薯淀粉代替糯米，也可生产出糯米纸，不仅可节约大量粮食，为食品包装工业急需的糯米纸广辟原料来源，而且为马铃薯的深加工增值，开拓了新途径。每 1.5t 马铃薯淀粉可生产出 1t 糯米纸。

用马铃薯淀粉生产糯米纸，所需的主要设备有注射泵、糊化锅和抄膜机等。

（一）生产工艺流程

马铃薯淀粉→过筛→配制磷脂乳液→糊化淀粉→汽蒸保温→抄膜→卷纸→切膜→包装→成品

（二）操作要点

1. 过筛

将马铃薯淀粉用 100 目筛过筛，置于容器中，加入淀粉重量 2.5～3 倍的 50～55℃的温水浸泡，使其乳化。乳化后浓度为 15～17°Bé。经乳化的马铃薯淀粉乳液需不断搅拌，以使淀粉均匀地分布在水中，然后过 100 目筛，用注射泵打入糊化锅里。

2. 配制磷脂乳液

磷脂是生产糯米纸不可缺少的原料，在抄纸过程中，它有助于薄膜与铜剥离，同时还可以防止膜与膜之间的黏结。将1%～2%的烧碱溶液加热至85～100℃，在搅拌的情况下加入磷脂，并加热使之全部溶解在碱液中，冷却至30～40℃，过100目筛，配成1%～2%的磷脂溶液。烧碱用量为磷脂的0.8%～1.8%，磷脂乳液的pH值为8～9，显弱碱性。

3. 糊化淀粉

将淀粉乳液送入糊化锅，加热到50℃时开始搅拌，加入84～90℃的热水，保温1～2h。搅拌速度以40r/min为宜，浓度控制在7%～8%。

4. 抄膜

抄膜机是由两个直径为600mm的铝制烘缸和一条长13m、宽400mm、厚0.7mm的紫铜带连成的一个整体。由蒸汽加热烘缸，同时以1r/min的速度带动紫铜带前进。淀粉糊经一个宽为0.14～0.15mm的狭缝流向铜带（供料槽高8～10cm），刮成均匀薄膜，膜厚7～10μm，烘干后卷在纸筒上。抄纸机本身构成一个密封体系，控制一定的温度和湿度，烘缸中的蒸汽压力控制在14.7～24.5kPa（表压）。压力不可过高，否则会使膜产生许多气孔；压力太低，则膜不干。

机器内要喷入蒸汽调节湿度，汽大操作困难，汽小膜发脆。成品糯米纸的含水量不应低于10%。为了提高糯米纸的强度，可在淀粉糊化前加入1%的褐藻胶，抗拉强度能提高10%左右。

五、功能性马铃薯儿童食品

（一）原料配方

马铃薯泥、面粉、玉米粉、大豆粉的比例为15∶5∶4∶1，植物油、卵磷脂、钙粉、果蔬汁及各种调味料适量。

（二）生产工艺流程

马铃薯→清洗→去皮→汽蒸→捣烂成泥→计量混料（加入所有辅料）→调浆→和成面团→做型→汽蒸→切片→干燥→油炸→脱油→撒料→包装→成品

（三）操作要点

1. 原料处理

利用清水将马铃薯洗净，然后去皮（可采用手工或碱液去皮），放入蒸锅中蒸煮，蒸熟后将其捣碎成泥。

2. 计量混料

将马铃薯泥和玉米粉、面粉、大豆粉按照配方的比例要求进行混合，再将强化的卵磷脂和钙粉以及各种辅料一起加入，并充分搅拌均匀。

3. 调浆

取上述混合均匀物料总量的20%，以1∶1的比例加水制成浆。

4. 和成面团

将剩余的混合料加水，和成面团，水分控制在30%～40%。

5. 汽蒸

将面团制成3～4cm的圆柱形坯料，利用蒸汽蒸30min。

6. 切片、干燥

将冷却后的坯料切成0.3～0.5cm的片状，在40～50℃下干燥4～6h，控制坯料含水量在5%～8%。经过试验证实，控制坯料的水分很重要，含水量过高，在油炸时很难短时间内将过多的水分排出，造成制品口感发软，不酥脆；水分含量过低，在高温油炸时又难使汽化的水分产生足够的喷射压力，而影响制品的蓬松感，降低膨化效果。

7. 油炸

产品坯料在油炸时，要科学控制油温和油炸时间。制品中水分子汽化，迫使产品膨胀，这时制品的表面要在适宜的油温下形成致密的、具有弹性的凝胶膜，来阻止油脂的渗入和减少卵磷脂在油中溶解，同时造成制品内部蒸汽压力增大。随着汽化层的转移和水分子的汽化膨胀，制品达到膨化的目的。如果油温过高，加热时间过短，则制品表面瞬间失水硬化，制品体积缩小，干硬、卷曲、发焦，影响膨化效果和口感。综合考虑，油温应控制在180～190℃之间，时间以1.5～2min较为适宜。

8. 脱油、撒料

将上述经过油炸的产品经过脱油，然后将各种调味料撒入，最后经过包装即为成品。

（四）成品质量标准

1. 感官指标

色泽：嫩黄色；组织：内外疏松；口感：酥松可口（可根据要求调节口味）。

2. 理化指标

蛋白质26.60%，脂肪18.52%，总糖37.17%，钙1.52%，磷脂0.5%，砷（以As计）≤0.5mg/kg，铅（以Pb计）≤0.5mg/kg。

3. 微生物指标

细菌总数<78个/g，大肠菌群<30个/100g，致病菌不得检出。

六、马铃薯保健羊肉丸

（一）原料配方

羊瘦肉80g、羊脂20g、马铃薯30g、酱油2g、食盐1g、木糖醇2g、淀粉5g、黄酒3g、味精0.1g、花椒0.1g、八角0.1g、冰水5g、草果0.1g、生姜15g、葱15g、蒜15g、砂仁0.1g、维生素C 0.01g。

（二）生产工艺流程

选料→绞肉→腌制→马铃薯预处理→加辅料斩拌→成型→油炸→冷却→包装→成品

（三）操作要点

1. 选料

选择经过卫生检疫合格的新鲜绵羯羊肉，剔出脂肪、筋、软骨等，利用清水清洗干净。

2. 绞肉、腌制

将整理好的羊肉切成3cm左右的方块，用绞肉机绞成糜状，加入除淀粉和冰水外的其他辅料，混合均匀，在室温下腌制15min。

3. 马铃薯预处理

取色泽好、无发芽的马铃薯为原料，利用清水清洗干净后，将皮去掉，用刀切成厚1cm左右的小片，放入蒸锅中蒸至软熟，取出后经自然冷却后备用。

4. 加辅料斩拌

斩拌是将各种原辅料混合均匀，增加肉馅的持水性，提高嫩度，使制品富有弹性。将腌制好的羊肉糜与预处理的马铃薯混合，在斩拌的同时依次加入羊脂、淀粉、冰水(0～5℃)，斩拌均匀。斩拌好的肉馅在感官上为肥瘦肉和辅料分布均匀，色泽呈均匀的淡红色，肉馅干湿适中，整体稀稠一致，随手的拍打而颤动为最佳。

5. 成型

将斩拌好的肉馅团成直径为 2～3cm 的圆形即可。

6. 油炸

将成型后的丸子在 160～180℃的热油中煎炸 2～3min，待丸子色泽一致且呈金黄色、香味突出即可。

7. 冷却

将油炸的丸子取出，沥去余油，使其冷却至室温即可。

8. 包装

利用洁净的真空包装袋将经过冷却的丸子进行真空包装，随后自然冷却，最后经过检验合格即得成品。

(四)成品质量标准

1. 感官指标

色泽：呈金黄色、富有光泽；口感：香味浓郁、滑爽可口、咸甜适中、富有弹性；滋味：富有羊肉的浓香和马铃薯特有的清香味。

2. 理化指标

蛋白质 23%～25%，食盐≤1%，水分≤15%，脂肪≤30%，硝酸盐残留≤15mg/kg(以亚硝酸钠计)。

3. 微生物指标

细菌总数<100 个/g，大肠菌群<30 个/100g，致病菌不得检出。

七、马铃薯羊羹

(一)生产工艺流程

胡萝卜→清洗→蒸煮→打浆
↓
马铃薯→清洗→蒸煮→磨碎、制沙→化琼脂→熬制→注模→冷却→包装→成品

(二)操作要点

1. 制沙

用清水将马铃薯洗净，放入锅中蒸熟，然后在筛上将马铃薯擦碎，过筛即成马铃薯沙。

2. 胡萝卜预处理

胡萝卜经清洗后，可蒸熟或煮熟，打浆成泥，也可焙干成粉后添加。

3. 化琼脂

将琼脂放入 20 倍的水中，浸泡 10h，然后加热，待琼脂化开为止。

4. 熬制

加少量水将糖化开，然后加入化开的琼脂。当琼脂和糖溶液的温度达到 120℃时，加入马铃薯沙及胡萝卜浆，再加入少量水溶解的苯甲酸钠，搅拌均匀。当温度达到 105℃时，便

可离火注模。温度切不可超过106℃，否则，没注完模时糖液便会凝固。

5. 注模

将熬好的浆用漏斗注进衬有锡箔纸的模具中(所用模具可用镀锡薄钢板按一定规格制作)，待冷却后自然成型，充分冷却凝固后即可脱模，进行包装即为成品。

八、多味香酥薯饼

(一)原料配方

马铃薯1kg、甘薯1kg、黄豆0.8kg、玉米淀粉0.6kg、猪肉0.5kg(瘦肥比例为3∶2)、鸡蛋0.4kg、味精20g、食盐30g、香甜泡打粉68g。

(二)生产工艺流程

原料预处理→混合搅拌→压坯→切片→成型→干燥→油炸→冷却→包装→成品

(三)操作要点

1. 原料预处理

将甘薯、马铃薯去皮蒸熟，经过捣碎机捣碎成薯泥；鸡蛋经打蛋器搅打成蛋糊，时间控制在2min左右，泡越多越好；猪肉绞碎后蒸熟；黄豆先炒熟，再经过粉碎，过40目筛。

2. 混合搅拌

将薯泥、肉馅冷却后混合，加入蛋液搅拌均匀；将黄豆粉、玉米淀粉、盐、味精、泡打粉混合；再将两者混合搅拌，调整好混合料的干湿程度，以利于坯料的成型。

3. 压坯

压坯厚度控制在4～5mm。

4. 成型

加工成规定的形状，一般为椭圆形或长方形，重量为50g。

5. 干燥

将成型好的坯料置于恒温箱内，温度控制在65～75℃之间，干燥后的水分控制在10%左右，干燥时间为25min。

6. 油炸

采用食用棕榈油作为油炸用油，油温控制在170～180℃之间，时间为30s，炸至薯饼表面金黄，内部酥脆即可。

7. 冷却

油炸后可自然或鼓风冷却至40℃以下，包装即为成品。

九、马铃薯冰淇淋

(一)原料配方

马铃薯20%、白砂糖4%、阿斯巴甜0.1%、全脂淡奶粉1%、棕榈油1%、牛奶香精0.1%、P-101添加剂0.4%，其余为水，补足至100%。

(二)生产工艺流程

1. 马铃薯泥的制备

新鲜马铃薯→选料→洗涤→剥皮→漂烫→切片→浸泡→蒸煮→捣烂(或搅烂)→马铃薯泥→备用

2. 马铃薯冰淇淋的生产

马铃薯泥→稀释→过滤→与其他辅料混合→灭菌→均质→冷却→老化→凝冻→成型(或灌浆)→硬化→包装→成品

(三)操作要点

1. 马铃薯泥的制备

(1)选料 选择无虫蛀、无外伤的新鲜马铃薯,用清水洗净。禁止使用发芽或发绿的马铃薯。

(2)漂烫 马铃薯淀粉的灰分比谷类的灰分高1～2倍,由于磷的含量高,导致马铃薯泥黏度高,因而影响马铃薯泥的稀释和冰淇淋的品质。降低黏度的有效措施是:把马铃薯放在85～90℃的水中烫漂1min。

(3)切片 将马铃薯切成15mm左右的薄片。

(4)浸泡 马铃薯切片后容易变褐发黑,影响产品品质和色泽。通常切片后立即投入亚硫酸溶液中,经过浸泡处理后,可避免马铃薯片在加工过程中的褐变。

(5)蒸煮 常压下用蒸汽蒸煮30min左右。

(6)捣烂 蒸煮后稍冷却一会,用搅拌机搅成马铃薯泥。搅拌时间不宜过长,成泥即可,在尽可能短的时间内用于生产冰淇淋。

2. 马铃薯冰淇淋的生产

(1)原料混合 在马铃薯泥中加入适量水,搅拌成稀液,经60～80目筛网过滤,将其他经处理后的原辅料按次序加入马铃薯浆汁中,并搅拌均匀。

(2)灭菌 在灭菌锅(烧料锅)中将料液加热至85℃,保温20min,杀灭混合料中的微生物,并破坏由微生物产生的毒素,保证产品品质。

(3)均质 灭菌后将料液冷却至65℃左右,用泵打入均质机中均质,均质压力为20MPa。均质可使冰淇淋组织细腻、形体滑润、松软,提高冰淇淋的黏度、膨胀率、稳定性和乳化能力。

(4)冷却与老化 将均质后的料液迅速冷却至4℃,进入老化缸,在2～4℃下搅拌10～12h,使料液充分老化,提高料液黏度,增加产品的稳定性和膨胀率。

(5)凝冻 将老化成熟后的料液通入凝冻机中凝冻、膨化,使料液冻结成半固体状态,并使料液中的冰晶细微、均匀,组织细腻,空气混入均匀,体积膨胀,形成软质冰淇淋。

(6)成型与硬化 将软质冰淇淋切割成型,或注入杯装容器中,送入速冻隧道硬化;或将软质冰淇淋注入冰模后,经盐水槽硬化。

(四)成品质量标准

1. 感官指标

产品为乳黄色,香气和谐,细腻爽口,无异味。

2. 卫生指标

细菌总数≤60个/mL,大肠菌数≤50个/L,致病菌不得检出。

3. 食品添加剂

食品添加剂应符合GB 2760—2014的规定。

十、马铃薯纤维

在我国北方的大部分地区，马铃薯的深加工用于生产淀粉或粉条，产生大量的废渣。实际上马铃薯渣中含有丰富的膳食纤维，将其进行加工可制成具有保鲜、保健、抗癌作用的膳食纤维。利用马铃薯渣制成的膳食纤维，外观为白色，持水力为 800%，膨胀力强，水溶性纤维为 12.0%，总纤维为 76.4%。

（一）生产工艺流程

马铃薯渣→除杂→α-淀粉酶解→酸解→碱解→灭酶、功能化→漂白→冷却、干燥→超微粉碎→包装→成品

（二）操作要点

1. 前处理

取已提取淀粉的马铃薯渣进行除杂、过筛，用水漂洗湿润、过滤。

2. 酶解、酸解

将马铃薯渣用热水漂洗，除去泡沫，加入一定浓度的 α-淀粉酶，在 50～60℃下加热，搅拌水解 1h，过滤，温水洗涤；洗涤物进行硫酸水解。

3. 碱解

将酸解后的渣用水反复洗涤至中性，再用一定浓度的碳酸氢钠进行碱解。

4. 灭酶和功能化

将已碱解的渣用去离子水反复洗涤后放在有气孔的盘中，置于距水面 3～4cm、能产生 200～400kPa 压强的高压釜中进行水蒸气蒸煮。至一定时间后急剧冷却，使纤维在水蒸气的急剧冷却下破裂，增加水溶性成分。此过程既进行了灭酶，又进行了功能化。

5. 漂白

经以上处理的渣，颜色较深，需要漂白。可选用 6%～8%的双氧水作为漂白剂，在 45～60℃下漂白 10h。产品用去离子水洗涤，脱水，置于 80℃的鼓风式烘箱中干燥至恒重。最后粉碎成 80～120 目的颗粒，经过包装即为膳食纤维成品。

十一、几种风味马铃薯饼

（一）原料配方

山楂薯饼：薯泥 60.5%、山楂肉 29%、绵白糖 10%、香料 0.5%。

番茄薯饼：薯泥 60%、去水后番茄 25%、绵白糖 10%、马铃薯淀粉 4.5%、香料 0.5%。

果仁薯饼：薯泥 87.5%、果仁 5%、绵白糖 7%、香料 0.5%。

胡萝卜薯饼：薯泥 60%、胡萝卜泥 31.5%、绵白糖 8%、香料 0.5%。

（二）生产工艺流程

原料→清洗→去皮→切片→冲洗→蒸煮→粉碎→预脱水→拌料→成型→涂糊撒粉→油炸→冷却→速冻→包装→冷冻

（三）操作要点

1. 清洗

选择外观无霉烂、无变质、表面光滑的马铃薯，剔除发绿、发芽的马铃薯。利用滚筒式清洗机进行清洗。

2. 去皮

利用机械去皮或化学去皮均可，去皮后的马铃薯用水喷淋洗净。

3. 切片

去皮后的马铃薯利用输送带送入切片机中，切成厚度为 1.5mm 的片或小块，以便蒸煮时受热均匀，缩短蒸煮时间。

4. 蒸煮

利用水将薯片洗净后沥干水分，放入立式蒸煮柜中，在常压下蒸煮 20～25min，用两手指夹后能完全粉碎为合适。

5. 粉碎

利用螺旋式粉碎机将蒸熟的马铃薯片进行进一步粉碎。

6. 预脱水

熟化的马铃薯含水量高，利用离心脱水机进行脱水。离心机的转速为 3 000r/min，脱水时间为 3～5min。通过脱水使薯泥中的固体物质含量由 15%～20%提高到 30%～40%，具有较好的成型性，便于后期的成型制作。

7. 拌料

根据产品品种将预脱水的马铃薯泥与不同的辅料或添加剂混合，在拌料机内充分混合均匀。

8. 成型

选择适当形状的模具，将拌好料的混合物送入成型机中成型。

9. 涂糊撒粉

将成型的马铃薯饼输送到涂糊撒粉机中，在产品的外表面均匀地涂上一层面糊，再撒上一层面包屑。适当选择面包屑品种，可获得不同的外观效果。

10. 油炸

为了固化表面涂层，增强外观颜色，可以送入油炸设备中进行油炸。油温控制在 170～180℃，油炸时间为 1～2min。

11. 速冻

油炸后的产品经预冷后送入速冻机进行速冻，速冻温度控制在－36℃以下。冻好后装盒，在－18℃以下的冷冻库内保存。

(四)成品质量标准

山楂薯饼：外焦里嫩，酸甜可口，健脾开胃，促进消化，是集营养与美味于一体的食品。

番茄薯饼：外焦里嫩，略带甜酸，爽口不腻，增强食欲。

果仁薯饼：香甜松软。

胡萝卜薯饼：嫩脆可口，风味独特，营养丰富。

十二、速冻马铃薯饼

(一)原料配方(以马铃薯泥为 100%基料)

马铃薯泥 100%、胡萝卜泥 15%、糯米粉 20%、猪肉泥 15%、糖 5%、盐 3%、味精 3%，其他适量。

(二)生产工艺流程

(1)马铃薯泥的制备

马铃薯→清洗→去皮→切块→蒸煮→打浆

(2)胡萝卜浆的制备

胡萝卜→清洗→去皮→切片→磨浆

(3)肉馅的制备

冻猪肉→解冻→制馅→腌制

(4)马铃薯饼的制作

混合→成型→速冻→冻藏→成品

(三)操作要点

1. 马铃薯泥的制备

(1)清洗、去皮　用自来水清洗马铃薯表皮上的泥沙和杂物,将马铃薯放入装有20%~25%氢氧化钠的水槽中,在95℃左右的温度下浸泡1~2min,放入滚动去皮机内,用水清洗、去皮。

(2)切块、蒸煮　用刀将每块马铃薯切成4块,投入蒸汽箱中汽蒸,以蒸熟、蒸透为宜。

(3)打浆　将熟马铃薯块立即投入打浆机中,打浆机的速度控制在600~700r/min,打浆时间依投料量而定。感官上要求马铃薯成泥状。

2. 胡萝卜浆的制备

将胡萝卜去掉须根和根基绿色部分,用流动水充分洗涤,洗净其表面的泥沙。然后用4%复合磷酸盐溶液(90℃)浸泡4~5min,捞出后用流动水冲洗,去掉外皮。再将其切成2~3mm的薄片,在0.5MPa下汽蒸8~10min,冷却后用胶体磨磨浆,加水量为胡萝卜重量的50%。浆液粒度为20μm左右。

3. 肉馅的制备

(1)解冻　在14~15℃下解冻,时间为12~16h。

(2)腌制　将肉馅与五香调料粉、猪肉粉、盐等搅拌均匀,在18℃左右的环境中腌制12h。

4. 煎炸粉的制备

采用快速法生产面包,将面包冷却后撕成碎块,利用恒温干燥箱烘干,温度为80℃左右,时间约2h,最终水分在15%左右。再用小型粉碎机粉碎,细度在60目左右。

5. 混合

将配方中除胡萝卜浆以外的所有原料一起投入拌馅机,用胡萝卜浆液调节物料的状态,以手握成团并具有一定的黏弹性,松手面团不散为度。

选用糯米粉作为黏合剂,有三个作用:其一,它具有很强的吸湿性,添加后可以缓解料体太稀的问题;其二,添加糯米粉能极大地提高产品的品质,尤其在口感方面,咀嚼感好;其三,添加糯米粉有利于加强产品的组织结构,使产品组织更加严密、结实,不易断裂。

6. 成型

先将面团做成圆形,约50g/个,外裹以煎炸粉,再在圆形印模(类似月饼模具)中压按成圆形,饼的直径约为4cm,厚度约为1cm。

7. 速冻

将马铃薯饼码入托盘中，间距约1.5cm，放到拖架车上，推入隧道式送风冻结装置中，空气温度为－35℃，风速为3m/s，在20min内完成速冻。速冻后的面饼中心温度达到－18℃。用聚乙烯塑料薄膜单体包装。

8. 冻藏

冻库内的冻藏温度为－20～－18℃。

（四）成品的感官标准

1. 形状

成品为圆形或椭圆形，块形整齐，无毛边，无裂纹，煎炸粉分布均匀且牢固地黏于饼上，油炸后不崩散。

2. 颜色

成品外表呈乳黄色，内部粉白相间。

3. 风味

成品以马铃薯味为主，肉香为辅。

4. 口感

成品外焦里软，香而不腻，有沙粒感。

十三、马铃薯人造米

马铃薯、小麦、高粱及碎米等杂粮，可以加工成“人造米”，其形状和食味均可与天然大米媲美。

（一）原料配方

马铃薯淀粉40%，面粉40%，碎米粉20%，并可根据需要加入营养强化剂。

（二）生产工艺流程

原料→混合→轧片→制粒→分离→筛选→蒸煮成型→烘干→冷却→成品

（三）操作要点

1. 混合

按配比将原料混合，加入适量温水及食盐（10.2%），使面团含水量为35%～37%。混合和面时可加入适量维生素B_1、钙和赖氨酸。

2. 轧片、制粒

面团和好后，用辊筒式压面机轧成宽面带，接着送入具有米粒凹模的制粒机中，压制成粒。

3. 分离、筛选

制粒后，用分离机和筛选机将米粒和粉状物分离开。米粒送去蒸煮成型，粉状物送回混合。

4. 蒸煮成型

将含水量40%的米粒送入蒸煮设备，使米粒通过蒸汽蒸3～5min，表层淀粉糊状形成保护膜，稳定米粒形状。蒸煮为连续作业。

5. 烘干

将成型的米粒送入烘干机内烘干。在缓慢冷却过程中，让水分继续蒸发，把人造米水分控制在11%～11.5%之间，即为成品。

（四）食用方法

人造米可单独蒸食，也可加入20%大米同煮。将人造米加入水稍泡一会儿，沥水后再加适量水煮15min即成干饭。

十四、营养性食品添加剂

用马铃薯生产淀粉的废液中含有丰富的营养成分，弃之可惜且污染环境。人们试图对马铃薯淀粉废液进行加工处理，将其用于食品工业，但这一过程因处理过的淀粉汁液具有马铃薯所特有的异味而裹足不前。为有效利用马铃薯的汁液，可采用葡萄糖转化酶处理的新工艺，不仅有效去除了汁液中的不愉快口味，而且所得产品富含糖、氨基酸、有机酸与矿物质等营养成分，可作为食品添加剂广泛用于饼干、糕点、饮料、西式点心中，完全符合食品卫生的要求。

（一）生产工艺流程

马铃薯淀粉废液→加热浓缩→离子交换树脂处理→葡萄糖转化酶处理→干燥→白色粉末或颗粒产品→包装→成品

（二）操作要点

1. 加热浓缩

将从马铃薯淀粉生产线收集到的废液进行加热浓缩，过滤回收其中被凝固的蛋白质，将分离得到的脱蛋白液送入下一道工序。

2. 离子交换树脂处理

具体处理方法有间歇法和塔式转换法两种。以选用苯乙烯型阴离子交换树脂为佳。间歇法是让活化的离子交换树脂与脱蛋白液混合，树脂用量一般为1L待处理液配入50g，混合时间一般须维持1～1.5h。通过振荡和搅拌，使两者充分接触，脱蛋白液中的臭味和有色物质附着于离子交换树脂上，并随着树脂的定时交换一起被除去。塔式转换法是将活化的离子交换树脂充填到塔内，脱蛋白液自上部流入，经树脂充分吸附臭味和有色物质后，从塔下部流出。

3. 葡萄糖转化酶处理

将上述已脱蛋白、脱臭、脱色的汁液送入发酵罐内，葡萄糖转化酶的添加量一般为汁液重量的0.2%左右，处理液的酸度一般控制在pH值5.0～5.5。酶反应温度为40～55℃，酶反应时间随转化酶的加入量、酶反应温度及pH值等因素的差异而不同，通常需15～24h。经酶处理后的脱蛋白液为透明液体。

4. 干燥

通过以上步骤处理后的马铃薯汁液可直接添加到食品中；因包装、运输或食品生产的需要，也可继续加些淀粉、糊精、明胶、大豆蛋白等添加剂，经喷雾干燥或真空干燥处理，制成粉末状或颗粒状，密封包装。

十五、马铃薯馅

目前，馅料产品比较单一，多以水果馅为主。水果馅大多含糖量高、甜度大，已不太适应当今消费者低糖或无糖的要求。以马铃薯为主料，配以适量蔬菜，经特殊工艺精制而成的马铃薯馅，不但无糖，而且口感独特，营养丰富，完全可以作为水果馅的替代品，是不喜爱甜食

及糖尿病患者的理想馅料。

(一)生产工艺流程

选料→蒸煮→混合打浆→调配→浓缩→炒馅→包装→成品

(二)操作要点

1. 选料

选用新鲜的马铃薯、胡萝卜和成熟度好的南瓜。

2. 蒸煮

将上述 3 种原料洗净,切成小块,蒸到软熟为止。

3. 混合打浆

用打浆机将按比例配好的 3 种原料一起打浆,打成无颗粒的细腻浆泥。

4. 浓缩

在浓缩锅中对浆泥进行真空低温浓缩。

5. 炒馅

在浓缩到含水量为 20%的马铃薯泥浆中加入 2%的植物油进行炒制,当含水量为 18%左右时趁热密封包装,并进行二次灭菌,即为成品。

十六、马铃薯多味丸子

在饮食领域,丸子是一种人们喜欢的大众化食品,但多以肉丸子为主。以马铃薯为主体,根据营养与口感的互补原理制作的马铃薯丸子,或添加不同的蔬菜泥制成的五颜六色的系列马铃薯丸子,不但色泽美观,而且口感与味道俱佳、成本低廉,是一种很有开发潜力的大众化方便食品。

(一)生产工艺流程

选料→去皮→制泥→配料→制丸→蒸熟→包装→杀菌→成品

(二)操作要点

1. 选料

选用新鲜马铃薯和各种蔬菜,如番茄、胡萝卜、白菜、黄花菜等。

2. 制泥

先将马铃薯去皮,再把所需原料切碎,各自打成泥浆状备用。

3. 配料

以马铃薯为主料,配以各种蔬菜泥和调味品,搅拌均匀。

4. 制丸

在制丸机中将各种菜泥制成均匀的薯丸,可灵活掌握颗粒大小。

5. 蒸熟

将制好的丸子上蒸笼蒸熟,火候掌握要适当。

6. 包装

蒸熟的丸子稍凉后,装入包装袋,真空包装。但真空度不宜过高,否则容易相互粘连。

7. 成品

包装后须二次灭菌,冷却后即为成品。保质期为 3 个月。

十七、猪肉马铃薯泥

(一)原料配方(以100kg计)

马铃薯泥70%,猪肉22%,猪油1.7%,洋葱4%,食盐1.5%,白糖0.3%,味精0.4%,大蒜粉0.05%,卡拉胶0.05%。

(二)生产工艺流程

原料肉的选择与处理→斩拌
马铃薯→整理、去皮→蒸煮 } →混合斩拌→炒制→包装→杀菌→冷冻→成品
洋葱→整理、去皮→蒸煮

(三)操作要点

1.原料肉的选择与处理

选用符合兽医卫生检验、检疫标准的新鲜猪后腿肉作为加工原料,并将选好的猪后腿肉去皮、筋腱,再顺着肉纹方向切成0.4~0.5cm的肉丁。

2.整理

将马铃薯和洋葱去皮、去腐烂处,剔除发芽部分。

3.蒸煮

将修整后的马铃薯对剖,放置蒸箱内蒸煮,要求温度为95℃以上。产品中心温度达90℃后保温5min,出蒸箱。将洋葱切碎,放入蒸箱中蒸煮,要求温度为90℃以上,蒸煮5min后出蒸箱。

4.混合斩拌

将肉丁、马铃薯、卡拉胶、其他辅料放入斩拌机中斩拌。在斩拌过程中,通常添加碎冰块或冰水以控制原料温度不超过15℃。

5.炒制

将猪油放到夹层锅内,待融化后放入洋葱,炒出香味后放入混合斩拌后的物料,继续炒10min,加入约1%的清水,待马铃薯泥炒拌均匀后出锅。

6.包装

待马铃薯泥自然冷却后,用真空包装袋根据不同的重量要求装袋,调整好真空包装机的真空度、热合温度、热合时间,进行真空热封。

7.杀菌

将包装好的马铃薯泥在高温杀菌锅中进行杀菌,115℃恒温30min,反压冷却。

8.冷冻

将杀菌后的马铃薯泥进行速冻,速冻温度为-30℃,时间为30min,产品中心温度经速冻后为-18℃。

(四)成品质量标准

1.感官指标

产品色泽微黄,口感细腻,口味均匀。

2.微生物指标

细菌总数≤1×10^4cfu/g,大肠菌群(阴性)及其他致病菌不得检出。

3.保质期

成品在-18℃以下可保存1年。

十八、其他马铃薯小食品

(一)炸鲜薯条

选择颜色略黄而纹理细腻的马铃薯,洗净、去皮,切成整齐的条状,入水中。捞出,将水沥干,放在油中以弱火重炸,当用竹签等能轻易刺进时便可取出。吃前再以强火烹炸30~40s,使呈焦黄色。炸后放在盛器中将油沥干,撒上盐即成。

(二)法国油炸冻马铃薯条

将马铃薯去皮、切条,厚度为6.35~12.7mm,长度大于10cm。将切好的条进行清洗,以除去其表层淀粉,然后将马铃薯条浸入或喷洒抗氧化剂溶液,以防止马铃薯氧化变色。

抗氧化剂溶液含0.5%~1.0%的焦磷酸钠、二硫酸钠或其他脱色剂。将溶液加热至55~82℃,马铃薯条在这种溶液中浸泡10~25s,接着将马铃薯条进行热烫,使其代谢功能失活,淀粉凝胶化。然后,用普通的方法将马铃薯进行冷冻。吃前,马铃薯条无须融化,将其放入171~193℃的油炸锅中深炸1.5~3min即可。油炸冻马铃薯条与炸鲜马铃薯条的风味相差无几。

(三)马铃薯香肠

1. 原料配方

鲜马铃薯70%、葱和姜5%、黄豆粉5%、植物油和动物油各2.5%、淀粉凝固剂14.5%、食品防腐剂0.5%。

2. 操作要点

制作时,先将马铃薯洗净、去皮,切成颗粒,放入蒸锅内蒸约10min,加入凝固剂。然后把动物油、植物油、黄豆粉和调味品等拌入蒸煮后的马铃薯颗粒中。搅拌均匀后将其充入预先制备好的肠衣中,再加热灭菌,晾至半干即成。也可以配入一定量的猪肉、牛肉、羊肉,制成不同风味的火腿肠,还可以制成马铃薯色拉肠。

(四)马铃薯果酱干

用干燥器把煮好的马铃薯干燥至含水量在40%左右,冷却后制成颗粒,然后把这些颗粒放入对流干燥器的隔板上干燥到含水量为6%~7%。颗粒保存温度一般不高于20℃,空气相对湿度为75%~85%。为了提高马铃薯果酱干的质量,可添加单硬脂酸甘油酯0.1%、双硬脂酸蔗糖酯0.15%、盐0.15%、维生素C 0.02%、焦亚硫酸钠0.015%、干脱脂奶酪0.05%、谷酰胺钠0.02%和柠檬酸0.05%。

用3.5kg马铃薯可制成一盒500g的颗粒。每100g马铃薯果酱干用水或牛奶400mL勾兑,可得500g果酱。它适用于家庭食用和作为铁路、航海旅游食品。

(五)凉粉

凉粉价廉物美,原料易得,制作简单,乡镇和街道食品厂、家庭均可制作。

制作方法一:称1kg马铃薯淀粉,与10L水同时下锅,一边搅拌一边加热,熬至成熟时,汁液已变黏稠,待搅动感到吃力时,将15g明矾及微量食用色素加入锅中,搅拌均匀,继续熬煮片刻,再搅动已感到轻松时,说明已煮熟,即可出锅,倒入备好的容器中冷却即成。

制作方法二:每10kg马铃薯淀粉加温水20L、明矾40g,调和均匀后,冲入45L沸水,边冲边搅拌,使之均匀受热。冲热后,即分别倒入箱套中,拉平表面,待冷却后取出,用刀按规格分割成块，即为成品。

任务十　马铃薯菜肴

一、登云土豆丝

(一)原料配方

土豆 500g，精盐 3g，味精 2g，醋 25g，白糖适量，姜、葱和青红椒少许。

(二)制作方法

(1)将土豆洗净、去皮，再用刀削成圆柱形；葱、姜、青红椒切成丝。

(2)将削好的圆柱形土豆放在木砧板上，用上批刀法顺一个方向批完为止(不能批断)，再将其卷回原形后，用顶刀切法将其切成丝即可。

(3)锅中注水，水开后将土豆丝、青红椒丝焯过并沥干水，另起锅置油，倒入姜、葱，稍煸炒后，倒入土豆丝，再加盐、味精、白糖、醋，炒匀后即可出锅、装盘。

(三)产品特点

产品色亮丝长，口味宜人。

二、番茄汁拌土豆丝

(一)原料配方

土豆 3 个，嫩黄瓜 2 条，番茄汁 30g，精盐适量，熟火腿少许。

(二)制作方法

(1)将土豆洗净，削去皮，切成薄片，再切成极细的土豆丝，放沸水焯过即捞出晾凉，放碗内，撒上少许精盐，拌匀。

(2)将嫩黄瓜彻底洗净后切成细丝，放土豆丝上，浇上番茄汁，拌匀后扣在盘内。

(3)将熟火腿切成细末，均匀地撒在土豆丝上，即可上桌供食。

(4)番茄汁的制作方法：将适量的番茄酱调成糊，然后加入适量醋、白糖、精盐和香油，再加入 1～2 滴食用香精，调匀即成。

(三)产品特点

产品清脆爽口，色美味佳。

三、炸土豆卷

(一)原料配方

土豆 750g，肉末 200g，面包渣 75g，鸡蛋 2 个，素油 100mL(实耗 50mL)，水淀粉 45g，精盐 16g，酱油、白糖、葱、姜、料酒、味精、精盐、胡椒粉各适量。

(二)制作方法

(1)土豆洗净后，放锅内加水煮熟，剥去皮，放在碗内，用勺搅成土豆泥，加入盐、味精、水、淀粉拌匀。

(2)在肉末中加入葱、姜、料酒、酱油、精盐、糖，拌匀后，倒入烧热的油锅中炒熟，再撒上胡椒粉拌匀，装入碗中。

(3)用土豆泥为皮、肉末为馅做成似鸭蛋大小的土豆卷，蘸上鸡蛋浆，再沾上面包渣，用手压紧(不使面包渣掉下来)。

(4)炒锅放素油烧热后，投入土豆卷，待四周均煎黄时，捞出装盘。

(5)取一小碟，倒入辣酱油，以蘸食土豆卷。

(三)产品特点

产品色泽金黄，香酥鲜美，别具风味。

四、珍珠薯茸卷

(一)原料配方

马铃薯面皮面团 250g、肉粒熟馅 150g、鸡蛋 1 个、面包渣少许。

马铃薯面皮面团配方：去皮熟马铃薯 190g、熟澄面 38g、猪油 19g、白糖 3.8g、精盐 2.9g、胡椒粉 0.4g、麻油 0.4g、味精 0.6g。

肉粒熟馅配方：瘦肉 30g、高汤 30g、叉烧肉 4g、肥肉 30g、鲜虾肉 30g、熟虾肉 10g、湿冬菇 8g、洋葱 8g、生抽 1g、麻油 1g、蚝油 1g、白糖 3g、猪油 3g、精盐 1.5g、绍酒 1.5g、味精 1.5g、胡椒粉 0.3g、马蹄粉 7g。

(二)制作方法

(1)制作马铃薯面皮面团。先将熟马铃薯放在案板上压烂成茸后，加入澄面擦至纯滑，然后再放入猪油、白糖、精盐、味精、胡椒粉和麻油，搓匀即成。

(2)制作肉粒熟馅。①将瘦肉、肥肉、叉烧肉、鲜虾肉、熟虾肉、湿冬菇和洋葱分别切成细粒待用。

②烧锅放油烧热，将瘦肉、肥肉、鲜虾肉泡过油后捞起，倒出油，再将锅烧热，下洋葱炒香，放入泡过油的原料和叉烧肉一起炒匀，放二汤，炝绍酒，加精盐、味精、生抽、白糖、猪油、麻油、胡椒粉炒匀，然后用湿马蹄粉勾芡，放入熟虾肉、蚝油拌匀，加包尾油即成。

(3)将马铃薯面皮面团开成厚 0.1cm 的长方形薄皮，在皮上扫鸡蛋液。

(4)将肉粒熟馅制成条形，放在薄皮的一端，卷成圆筒形，上笼，用猛火蒸 3min 后取出，粘上面包渣，切成 20 件。

(5)将每件一端捏紧，竖放盘中即成。

(三)产品特点

产品薯皮松软，熟馅香鲜。

五、虾仁土豆丸子

(一)原料配方

土豆 750g、滑熟的虾仁 150g、面包渣 150g、鸡蛋 2 个、熟火腿 50g、青豆 50g、削皮荸荠 50g、干淀粉 50g、番茄酱 50g、包菜 250g、生花生油 500mL(实耗约 100mL)、精盐 5g、味精 1.5g、胡椒粉 0.5g、香油 15g、白糖 10g、白醋 10g。

(二)制作方法

(1)将土豆洗净，放入沸水锅内煮熟，捞出，剥去皮后放入一个大碗内捣烂成泥，然后加入鸡蛋 1 个、精盐、味精、胡椒粉、干淀粉，搅拌均匀。

(2)将虾仁剁成颗粒状，火腿切成末，荸荠拍烂，剁成米粒状，葱切成葱花，然后把它们搅拌成馅，同时加入香油、味精；包菜切成细丝，加入少许精盐腌一下。

(3)将土豆泥搓成圆条，揪成小节，在手心中搓圆、按扁，然后填入虾仁馅，包好，再搓成圆球形，放入鸡蛋液内蘸上蛋液，再滚上面包粉，随后入盘内。

(4)炒锅置火上，加入花生油烧沸，然后放入土豆丸子，炸成焦酥状并呈金黄色时捞出，装入盘内，淋香油。将包菜丝挤干水分，加入白糖、醋、番茄酱，拌匀、拼边即成。

(三)产品特点

产品焦脆酥软，味鲜适口。

六、糖醋素鱼

(一)原料配方

土豆 200g，冬菇 25g，冬笋 25g，青豆 10g，鲜蘑 10g，胡萝卜 60g，豆腐干 1 块，油皮 2 张，青椒 50g，菠萝 1 片，花生油、香油、白糖、番茄酱、味精、醋精、葱、姜、蒜各适量。

(二)制作方法

(1)先将土豆洗净、去皮，放入开水锅里煮熟，再做成细泥，加上精盐；把胡萝卜 10g、冬菇 10g、鲜蘑切成丁，用开水氽一下，捞出，再加青豆炒成馅。

(2)把油皮边筋去掉，抹上蛋糊，再把土豆泥慢慢放上使成鱼形，放上一个圆冬菇当鱼眼，中间放上炒好的馅，上面抹一层土豆泥；再抹上蛋糊把它包好；把豆腐干切成三角形，放在鱼尾上面；再把它翻过来，在鱼的眼睛下面放一个冬菇，切成连刀当鱼鳃，这时素鱼已完全做好。

(3)将糖醋配料，冬菇 15g、胡萝卜 50g、青椒 50g 都切成小丁，用开水氽一下，再用糖醋汁勾兑好上述配料。

(4)把做好的素鱼抹上蛋糊放入油锅里炸，至熟透时捞出；再把糖配汁炒好，浇在素鱼上即可。

(三)产品特点

产品美味酸甜，外焦内香。

七、海米土豆泥

(一)原料配方

土豆 300g、海米 10g、白糖 10g、香菇 6 个、芥菜叶 30g、香油 20mL，精盐、味精各适量。

(二)制作方法

(1)将土豆洗净，放锅中加水煮烂，捞出晾凉，去皮，趁热捣碎成泥，放大碗中。

(2)将香菇洗净，放少许开水中泡软，捞出香菇，切成碎末。将泡香菇的水倒在土豆泥中，拌匀。

(3)将海米洗净，放热水中泡发，捞出，切碎，撒在土豆泥上。

(4)将芥菜叶洗净，放沸水中烫熟即捞出晾凉，挤去水，切碎，撒在土豆泥上。

(5)将香油放锅中烧热，放入香菇末炒熟，连油带香菇一起倒在土豆泥上，加精盐、白糖、香油和味精适量，拌匀后扣入盘中即可供食用。

(三)产品特点

产品色美味鲜，香味浓郁。

八、彩花土豆泥

（一）原料配方

土豆500g，彩色蜜饯50g，蜜枣10g，罐头红樱桃20粒，薏米仁、百合、红豆各20g，白糖150g，菠萝1个，板化猪油150g。

（二）制作方法

（1）土豆去皮，掏净芽眼，煮软，搅成泥。

（2）蜜饯、蜜枣和匀，剁成绿豆大的细粒。

（3）薏米仁、百合、红豆去除杂质，全部煮熟，红豆须煮至颗颗裂壳。将水滤干。

（4）菠萝修剪成形，纵切下1/3（另作别用），将2/3的中心挖空。口向上，底削平，放于盘中。

（5）炒锅置中火上，放入板化猪油烧至四成热，将土豆泥、薏米仁、百合、红豆、蜜饯、白糖一起倒入锅中，翻炒均匀，至白糖溶化，豆泥出油，铲入菠萝内即成。用工艺萝卜红花1朵围边点缀，撒上红樱桃。

（三）产品特点

产品色彩艳丽，造型美观，油润、滋糯、香甜，营养丰富，老少皆宜。

九、土豆脆饼

（一）原料配方

土豆300g，火腿50g，葱花30g，精盐、花椒粉、辣椒粉各3g，味精2g，面包粉100g，菜籽油150g。

（二）制作方法

（1）土豆去皮、去芽眼，切细丝。

（2）火腿切成绿豆大细粒。

（3）炒锅放置于中火上，倒入菜籽油50g烧至六成热，然后倒入土豆丝反复煸炒，待炒软，边炒边按，将土豆丝用炒勺按成饼，均匀地撒上火腿粒和葱花，用炒勺稍用力按，将火腿粒和葱花嵌入土豆饼中，按成薄形圆饼，边按边加油，使油浸入饼中，直至炸成金黄色，铲起、装盘、晾冷，撒上精盐、花椒粉、辣椒粉即成。

（三）产品特点

产品色泽金黄，油润酥香，麻辣味浓。

十、创新土豆糁

（一）土豆糁

在传统川菜中，用五大糁（即鸡糁、鱼糁、虾糁、肉糁、豆糁）为主料烹制的名菜很多。专业人士在工作中炒制香葱土豆泥，起锅后，掺水洗锅时，发现有少量的土豆泥漂浮在水中，突发灵感，以素料土豆与肉糁、鸡蛋清等为原料，经过反复实践，最终制成土豆糁。

1. 原料配方

土豆700g、猪瘦肉茸150g、鸡蛋清80g、干生粉40g、板化猪油60g、精盐3g、味精3g、鸡精2g、鲜姜30g、葱白70g、白胡椒粉2g，冷鲜汤适量。

2. 制作方法

(1)土豆洗净、去皮,切片放盘内,封上保鲜膜,入笼,用旺火蒸熟,取出,揭去保鲜膜,冷透后压成泥,用箩筛过滤后放入盆中;鲜姜拍破,与葱白、白胡椒粉一起放入碗内,掺入冷汤,浸泡成姜葱椒水待用。

(2)依次将肉茸、板化猪油、鸡蛋清加入土豆泥中搅匀,再分次加入姜葱椒水、味精、鸡精、干生粉,将土豆泥搅成极富黏性且乳白发亮,放入汤中有浮力即成土豆糁。

(二)橄榄土豆脯

1. 原料配方

土豆糁 400g,熟火腿 50g,水发玉兰片 60g,水发金钩 30g,圣女果、荷兰豆、胡椒粉、精盐、味精、鸡精、湿淀粉、奶汤、香油各适量,色拉油 150g(约耗 80g)。

2. 制作方法

(1)熟火腿、玉兰片、香菇均切片,入沸水锅中氽后捞出;圣女果用开水烫后撕去皮;荷兰豆撕去筋;金钩洗净待用。

(2)炒锅置火上,放入色拉油,烧至六成热时,用左手虎口挤出土豆糁,再用调羹蘸冷水后,轻轻刮下成橄榄形,下油锅炸定型至呈浅黄色,捞出,滤去油分,再将炸好的橄榄土豆丸用开水氽一下,去其油质,捞出,净锅上火,掺入奶汤,下火腿片、玉兰片、金钩、香菇片、荷兰豆及橄榄土豆,调入精盐、味精、鸡精,下圣女果,入湿淀粉推匀,淋入香油,起锅入盘即成。

3. 产品特点

产品形似橄榄,色泽美观,咸鲜味浓。

(三)绣球土豆丸

1. 原料配方

土豆糁 350g,瓢儿白菜 12 棵,火腿、水发海带、蟹柳、绿瓜衣、蛋皮各 50g,姜片、葱白段、精盐、味精、鸡精、胡椒粉、湿淀粉、鲜汤、鸡油、色拉油各适量。

2. 制作方法

(1)火腿、水发海带、蟹柳、绿瓜衣、蛋皮分别切成绣球丝;瓢儿白菜择洗干净后,修去根部待用。

(2)取一盘抹上油,放匀绣球丝,将土豆糁挤成 12 个大小均匀的丸子,粘匀绣球丝,入笼蒸 5min 至熟,取出,滗去水;将瓢儿白菜放入加有精盐和油的沸水锅中氽一下,捞出,呈放射状摆入盘中围边,上放绣球土豆丸子;炒锅上火,放入色拉油烧热,下姜片、葱白爆香,掺鲜汤略熬出味,捞出,调入精盐、味精、鸡精、胡椒粉,用湿淀粉勾芡,淋入鸡油,推匀,起锅,浇在盘中绣球土豆丸上即成。

3. 产品特点

产品色彩艳丽,咸鲜味美。

十一、豆豉鲮鱼土豆松

(一)原料配方

豆豉鲮鱼 50g,土豆松 200g,青红椒各 25g,蒜茸 15g,香菜 10g,精盐、花雕酒、白糖、味精、色拉油各适量。

(二)制作方法

(1)将豆豉鲮鱼中的鲮鱼切成细丝;青红椒切细丝;香菜切节。

(2)炒锅上火,放入色拉油烧热,下入鲮鱼、豆豉、青红椒丝、蒜茸炒香,再倒入土豆松,烹入花雕酒,调入精盐、白糖、味精,待翻炒均匀后撒入香菜节,起锅、装盘即成。

十二、嫩牛肉土豆松

(一)原料配方

牛柳100g,土豆松200g,青红椒各25g,姜末5g,蒜茸15g,香菜10g,精盐、胡椒粉、花雕酒、味精、湿淀粉、色拉油各适量。

(二)制作方法

(1)牛柳剁细,加入精盐、胡椒粉、花雕酒、湿淀粉及少许色拉油,抓匀上浆;青红椒切细丝;香菜切节。

(2)炒锅上火,放入色拉油烧热,下入上好浆的牛柳,滑油后捞出。

(3)锅留底油,下入姜末、蒜茸和青红椒炒香,倒入牛柳、土豆松,烹入花雕酒,调入精盐和味精,翻炒均匀后撒入香菜节,起锅、装盘即成。

十三、鲜鱿鱼土豆松

(一)原料配方

鲜鱿鱼100g,土豆松200g,青红椒各25g,姜末5g,蒜茸15g,香菜10g,李锦记辣酱15g,精盐、胡椒粉、花雕酒、味精、干淀粉、色拉油各适量。

(二)制作方法

(1)鲜鱿鱼洗净,切成丝,用李锦记辣酱、胡椒粉及花雕酒抓匀,再扑上干淀粉,下入油锅中炸至金红色时捞出;青红椒切细丝;香菜切节。

(2)炒锅上火,放入色拉油烧热,下入姜末、蒜茸和青红椒丝炒香,倒入鱿鱼丝、土豆松,烹入花雕酒,调入精盐、味精,待翻炒均匀后撒入香菜节,起锅、装盘即成。

如无鲜鱿鱼,可用水发干鱿鱼代替。

十四、啤酒土豆鸭

此菜是在啤酒鸭和浆鸭的基础上改良制作而成的。这道菜取材方便,制作简单,很适合家庭举行宴会或朋友聚餐时上桌。

(一)原料配方

光鸭1只(约1 500g),土豆600g,啤酒1瓶,郫县豆瓣75g,干辣椒25g,生姜20g,大蒜30g,红枣10枚,八角、三奈、桂皮、小茴香、草果各少许,精盐、蚝油、老抽(酱油)、味精、精炼油各适量。

(二)制作方法

(1)光鸭洗净后斩成小块;土豆去皮后切成块;郫县豆瓣剁细;干辣椒切节;生姜、大蒜均切片。

(2)炒锅置火上,放入精炼油烧热,下入郫县豆瓣、干辣椒、姜片、蒜片炒香出色,投入鸭块炒干水汽,加入红枣、八角、三奈、桂皮、小茴香和草果,调入精盐、蚝油、老抽,倒入啤酒,加盖焖至鸭块将熟，再下入土豆，继续焖至土豆入味且熟时调入味精，起锅，装入砂锅内，即可上桌食用。

（三）产品特点

产品色泽红亮，味道醇厚，啤酒味香浓。

十五、松花土豆卷

（一）原料配方

土豆300g，松花蛋3个，熟面粉60g，蛋黄液50g，面包糠75g，精盐、味精各适量，花椒盐少许，精炼油1 000g（约耗60g）。

（二）制作方法

（1）土豆削皮、洗净，煮熟后压成泥，加入熟面粉、精盐、味精、花椒盐揉匀；松花蛋剥壳、洗净，切成绿豆大小的丁；蛋黄液加入少许精盐，调匀。

（2）将和好的土豆泥放在案板上，擀成0.3cm厚的长方片，上面铺上一层松花粒，裹成卷，投入烧至五六成热的油锅中，炸至色呈金黄且熟透时，捞出沥油，切好装盘，稍加点缀即成。

（三）产品特点

产品色泽金黄，外酥内软，口味独特。

十六、蛋黄土豆

（一）原料配方

土豆400g，咸鸭蛋黄12个，鸡蛋2个，淀粉100g，葱姜汁、精盐、料酒、味精、花生油各适量，香辣椒1小碟。

（二）制作方法

（1）土豆削皮、洗净，切成长6cm、宽3.5cm、厚0.3cm的夹刀片，用清水浸泡后沥干水，用葱姜汁、精盐、味精入味；咸鸭蛋黄蒸熟后用刀压扁，放入土豆夹中，即成蛋黄土豆生坯；鸡蛋磕入碗中，加入淀粉及精盐搅匀成蛋糊。

（2）将平底煎锅烧热，放入花生油滑锅后，将土豆夹生坯挂上蛋糊，放入锅中，煎至底面金黄时，再翻转煎另一面，至两面金黄且熟时，起锅装盘，稍加点缀，即可随香辣酱味碟上桌食用。

（三）产品特点

产品金黄油润，香味浓郁，鲜辣可口。

思考与练习

1. 应如何选择马铃薯食品的原料？

2. 马铃薯清洗设备的结构原理是什么？

3. 马铃薯的去皮方法有哪些？

4. 马铃薯的膨化原理是什么？

5. 马铃薯的干燥方法有哪些？

6. 简述脱水马铃薯片的加工工艺以及各操作要点。

7. 简述马铃薯粉制品的种类。

8. 简述马铃薯脯加工的主要工序。

9. 简述盐水马铃薯罐头的加工工艺流程。

10. 简述马铃薯食醋的生产工艺流程。

11. 简述马铃薯白酒的生产工艺流程。

项目二　马铃薯制糖技术

知识目标

1. 了解淀粉糖的性质及应用。
2. 熟悉马铃薯淀粉糖的常规生产工艺。
3. 熟悉酶液化和酶糖化的工艺方法及工艺要点。
4. 熟悉糖化液精制的方法。
5. 熟悉几种常见马铃薯淀粉糖的工艺流程。

技能目标

1. 掌握马铃薯淀粉糖的糖化、糖化液精制的操作技能。
2. 掌握麦芽糊精、低聚糖、结晶葡糖糖、中转糖浆、饴糖、高麦芽糖浆及焦糖色素的生产技能。

淀粉糖是以淀粉为原料，通过酸或酶的催化水解反应生产的糖品的总称，是淀粉深加工的主要产品。随着酶技术的发展，淀粉糖工业发展迅速，产量以年均10%的速度增长，而且品种也日益增加，形成了各种不同甜度及功能的麦芽糊精、葡萄糖、麦芽糖、功能性糖及糖醇等几大系列的淀粉糖产品。

淀粉糖的原料是淀粉，任何含淀粉的农作物均可用来生产淀粉糖，生产不受地区和季节的限制。淀粉糖在口感、功能性上比蔗糖更能适应不同消费者的需要，并可改善食品的品质和加工性能，如低聚异麦芽糖可以增殖双歧杆菌、防龋齿；麦芽糖浆、淀粉糖浆在糖果、蜜饯制造中代替部分蔗糖可防止“返砂”“发烊”等，这些都是蔗糖无可比拟的。因此，淀粉糖具有很好的发展前景。

马铃薯含有大量的淀粉，是加工淀粉糖的理想原料。生产淀粉糖时可根据不同的目的和产品的要求，选择鲜薯、粗淀粉或精淀粉为原料，也可选择不同的工艺。

任务一　淀粉糖的种类及特性

一、淀粉糖的种类

淀粉糖的种类很多，按成分组成可分为葡萄糖浆、结晶葡萄糖和全糖、麦芽糖浆（饴糖、高麦芽糖浆、超高麦芽糖浆）、麦芽糊精、麦芽低聚糖、果葡糖浆、氢化糖浆（麦芽糖醇、山梨糖醇、甘露糖醇、普通氢化糖醇等）等。

(一)葡萄糖浆

葡萄糖浆是淀粉经不完全水解得到的葡萄糖和麦芽糖的混合糖浆,亦称淀粉糖浆,这类糖浆中还含有低聚糖、糊精。葡萄糖浆的组成因所用工艺和水解程度不同而有差异,并且具有不同的物理和化学性质。葡萄糖浆的指标:糖浆浓度为 80%~83%,葡萄糖值(简称 *DE* 值,糖化液中还原性糖全部当做葡萄糖计算,占干物质的百分率称葡萄糖值)在 20%~80%之间,为无色、透明、黏稠的液体,储存性质稳定,无结晶析出。葡萄糖浆按转化程度可分为高、中、低三大类。工业上产量最大、应用最广的中等转化糖浆,其 DE 值为 30%~50%,其中 *DE* 值为 42%左右的又称为标准葡萄糖浆。高转化糖浆的 *DE* 值为 50%~70%,低转化糖浆的 *DE* 值在 30%以下。不同 *DE* 值的液体葡萄糖在性能方面有一定差异,因此不同用途可选择不同水解程度的淀粉糖。

(二)结晶葡萄糖和全糖

淀粉经酸或酶完全水解的产物,由于生产工艺不同,所得葡萄糖产品的纯度也不同,一般可分为结晶葡萄糖和全糖两类。其中葡萄糖占干物质的 95%~97%,其余为少量因水解不完全而剩下的低聚糖,将所得的糖化液用活性炭脱色,再流经离子交换树脂柱,除去无机物等杂质,便得到了无色、纯度高的精制糖化液。将此精制糖化液浓缩,在结晶罐冷却结晶,得含水 α-葡萄糖结晶产品;在真空罐中于较高温度下结晶,得到无水 β-葡萄糖结晶产品;在真空罐中结晶,得无水 α-葡萄糖结晶产品。

(三)果葡糖浆

将精制的葡萄糖液流经固定化葡萄糖异构酶柱,使其中一部分葡萄糖发生异构化反应,转变成异构体果糖,得到糖分组成主要为果糖和葡萄糖的糖浆,再经活性炭和离子交换树脂精制,浓缩得到无色透明的果葡糖浆产品。

(四)麦芽糖浆

麦芽糖浆是以淀粉为原料,经酶或酸结合法水解制成的一种淀粉糖浆。和液体葡萄糖相比,麦芽糖浆中葡萄糖的含量较低(一般在 10%以下),而麦芽糖的含量较高(一般为 40%~90%),按制法和麦芽糖含量的不同可分别称为饴糖、高麦芽糖浆、超高麦芽糖浆等,其糖分组成主要是麦芽糖、糊精和低聚糖。

(五)麦芽糊精

麦芽糊精是一种由淀粉水解所产生的不同聚合度的低聚糖和糊精所组成的淀粉糖,*DE* 在 20%以下。

二、淀粉糖的特性

不同淀粉糖产品在许多性质方面存在差别,如甜度、黏度、胶黏性、增稠性、吸湿性和保湿性、渗透压力和食品保藏性、颜色稳定性、焦化性、发酵性、还原性、防止蔗糖结晶性、泡沫稳定性等。这些性质与淀粉糖的应用密切相关,不同的用途,需要选择不同种类的淀粉糖产品。下面简单叙述淀粉糖的有关特性。

(一)甜度

甜度是糖类的重要性质,影响甜度的因素很多,特别是浓度。浓度增加,甜度增高,但不同糖类的增高程度存在差别,葡萄糖溶液的甜度随浓度增高的程度大于蔗糖,在较低的浓度,葡萄糖的甜度低于蔗糖,但随着浓度的增高,差别减小,当含量达到 40%以上时,两者的甜度相等。淀粉糖浆的甜度随转化程度的增高而增高。此外，不同糖品混合使用有相互提高甜度的效果。表 2-1 所示是几种糖类的相对甜度。

表 2-1　几种糖类的相对甜度

糖类名称	相对甜度	糖类名称	相对甜度
蔗糖	1.0	果葡糖浆(42 型)	1.0
葡萄糖	0.7	淀粉糖浆(*DE* 值 42%)	0.5
果糖	1.5	淀粉糖浆(*DE* 值 70%)	0.8
麦芽糖	0.5		

(二)溶解度

各种糖的溶解度不相同，果糖最高，其次是蔗糖、葡萄糖。葡萄糖的溶解度较低，在室温下浓度约为 50%，浓度过高，则葡萄糖结晶析出。为防止有结晶析出，工业上储存葡萄糖溶液时需要控制葡萄糖含量在 42%(干物质)以下，高转化糖浆的糖分组成保持葡萄糖为 35%～40%，麦芽糖为 35%～40%。果葡糖浆(转化率 42%)的质量分数一般为 71%。

(三)结晶性

蔗糖易于结晶，晶体能生长得很大；葡萄糖也容易结晶，但晶体细小；果糖难结晶；淀粉糖浆是葡萄糖、低聚糖和糊精的混合物，不能结晶，并能防止蔗糖结晶。糖的这种结晶性与其应用有关。例如，硬糖果制造中，单独使用蔗糖，熬煮到水分在 1.5%以下，冷却后，蔗糖结晶破裂，不能得到坚韧、透明的产品。若添加部分淀粉糖浆，可防止蔗糖结晶，防止产品储存过程中的返砂；淀粉糖浆中的糊精，还能增加糖果的韧性、强度和黏性，使糖果不易破碎。此外，淀粉糖浆的甜度较低，有冲淡蔗糖甜度的效果，使产品甜味温和。

(四)吸湿性和保湿性

不同种类食品对于糖的吸湿性和保湿性的要求不同。例如，硬糖果需要吸湿性低，避免遇潮湿天气吸收水分而溶化，所以宜选用蔗糖、低转化或中转化糖浆。转化糖浆和果葡糖浆含有吸湿性强的果糖，不宜使用。但软糖果则需要保持一定的水分，面包、糕点类食品也需要保持松软，以使用高转化糖浆和果葡糖浆为宜。果糖的吸湿性是各种糖中最高的。

(五)渗透压力

较高浓度的糖液能抑制许多微生物的生长，这是由于糖液的渗透压力使微生物菌体内的水分被吸走，生长受到抑制。不同糖类的渗透压力不同，单糖的渗透压力约为二糖的渗透压力的两倍。葡萄糖和果糖都是单糖，具有较高的渗透压力和食品保藏效果。果葡糖浆的糖分组成为葡萄糖和果糖，渗透压力也较高。淀粉糖浆是多种糖的混合物，渗透压力随转化程度的增加而升高。此外，糖液的渗透压力还与浓度有关，随浓度的增高而增加。

(六)黏度

葡萄糖和果糖的黏度较蔗糖的低，淀粉糖浆的黏度较高，但随转化度的增高而降低。高黏度的淀粉糖浆可应用于多种食品中，提高产品的稠度和可口性。

(七)化学稳定性

葡萄糖、果糖和淀粉糖浆都具有还原性，在中性和碱性条件下化学稳定性低，受热易分解生成有色物质，也容易与蛋白质类含氮物质起羰氨反应生成有色物质。蔗糖不具有还原性，在中性和弱碱性条件下化学稳定性高，但在 pH 值 9 以上受热易分解产生有色物质。食

品一般是偏酸性的，淀粉糖在酸性条件下稳定。

（八）发酵性

酵母能发酵葡萄糖、果糖、麦芽糖和蔗糖等，但不能发酵较高的低聚糖和糊精。有的食品需要发酵，如面包、糕点等；有的食品不需要发酵，如蜜饯、果酱等。淀粉糖浆的发酵糖分为葡萄糖和麦芽糖，且随转化程度而增高。生产面包类发酵食品时，应用发酵糖分高的高转化糖浆和葡萄糖为好。

任务二　马铃薯淀粉糖的常规生产技术

淀粉糖生产按液化、糖化方法不同可分为酶法、酸法和酸酶结合法，其工艺流程如图2-1所示。

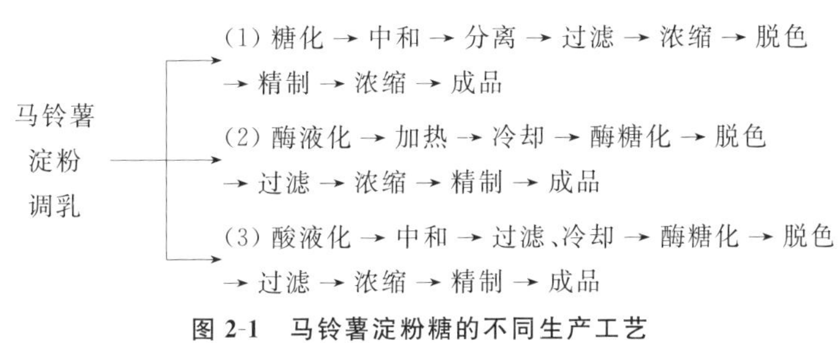

图 2-1　马铃薯淀粉糖的不同生产工艺

(1)酸法；(2)酶法；(3)酸酶结合法

从工艺上看，淀粉糖的基本生产过程可分为三个阶段，即淀粉乳的准备、糖化和糖化液的精制，而三种基本生产方法的差异主要在于糖化和糖化液的精制有所不同。

过去淀粉糖的生产以精制干淀粉为原料，生产时需要将干淀粉加水调制成一定浓度的淀粉乳，所调制淀粉乳浓度的大小可根据糖化工艺和生产糖浆的转化率来确定。现在多用湿精制淀粉或直接利用马铃薯为原料，节省了能源消耗，降低了生产成本。

一、糖化

（一）酸法糖化

淀粉通过酸催化水解反应生成由葡萄糖、麦芽糖、低聚糖和糊精多种糖分组成的糖浆。工业上采用的糖化方法有两种：一种为加压罐法，是间断糖化；另一种为管道法，是连续糖化。

1. 间断糖化

这种糖化是在一个密闭的糖化罐内进行的，糖化进料前，首先开启糖化罐进汽阀门，排除罐内冷空气。在罐压保持 0.03～0.05 MPa 的情况下，连续进料，为了使糖化均匀，尽量缩短进料时间。进料完毕，迅速升压至规定压力，并立即快速放料，避免过度糖化。由于间断糖化在放料过程中仍可继续进行糖化反应，为了避免过度糖化，其中间品的 *DE* 值要比成品的 *DE* 值标准略低。

2. 连续糖化

由于间断糖化操作麻烦，糖化不均匀，葡萄糖的复合、分解反应和糖液的转化程度控制困难，又难以实现生产过程的自动化，许多国家采用连续糖化技术。连续糖化分为直接加热式和间接加热式两种。

(1)直接加热式　直接加热式的工艺过程：淀粉与水在一个贮槽内调配好，酸液在另一个槽内储存，然后在淀粉乳调配罐内混合，调整浓度和酸度。利用定量泵输送淀粉乳，通过蒸汽喷射加热器升温，并送至维持罐，流入蛇管反应器进行糖化反应，控制一定的温度、压力和流速，以完成糖化过程。而后糖化液进入分离器闪急冷却。二次蒸汽急速排出，糖化液迅速降至常压，冷却到100℃以下，再进入贮槽进行中和。

(2)间接加热式　间接加热式的工艺过程：淀粉浆在配料罐内连续自动调节pH值，并用高压泵打入3套管式的管束糖化反应器内，被内外间接加热。反应一定时间后，经闪急冷却后中和。物料在流动中可产生搅动效果，各部分受热均匀，糖化完全，糖化液颜色浅，有利于精制，热能利用效率高。蒸汽耗量和脱色用活性炭比间断糖化节约。

(二)酶法糖化

1. 淀粉酶

(1)α-淀粉酶

①作用点：α-淀粉酶属于内切型淀粉酶，它作用于淀粉时从淀粉分子内部以随机的方式切断α-1,4糖苷键，但水解位于分子中间的α-1,4糖苷键的概率高于位于分子末端的α-1,4糖苷键的概率。α-淀粉酶不能水解支链淀粉中的α-1,6糖苷键，也不能水解相邻分支点的α-1,4糖苷键；不能水解麦芽糖，但可水解麦芽三糖及以上的含α-1,4糖苷键的麦芽低聚糖。

②酶源：来源于芽孢杆菌。

③酶的性质：α-淀粉酶较耐热，最适pH值为5.5～6.5，最适液化温度为85～90℃。

(2)β-淀粉酶

①作用点：β-淀粉酶是一种外切型淀粉酶，它作用于淀粉时从非还原性末端依次切开相隔的β-1,4糖苷键，顺次将它分解为两个葡萄糖基，最终产物全是β-麦芽糖，所以也称麦芽糖酶。

②酶源：β-淀粉酶以大麦芽及麸皮中的含量最丰富。

③性质：最适pH值为5.0～5.4，最适温度为60℃。

(3)糖化酶(葡萄糖淀粉酶)

①作用点：糖化酶对淀粉的水解作用是从淀粉的非还原性末端开始，依次水解α-1,4糖苷键，顺次切下每个葡萄糖单位，生成葡萄糖。

糖化酶的专一性差，除水解α-1,4糖苷键外，还能水解α-1,6糖苷键和α-1,3糖苷键，但后两种键的水解速度较慢。

②酶原和性质：不同来源的葡萄糖淀粉酶在糖化的最适温度和pH值上存在一定的差异。其中，黑曲霉为55～60℃，pH值3.5～5.0；根霉为50～55℃，pH值4.5～5.5；拟内孢霉为50℃，pH值4.8～5.0。糖化时间根据相应淀粉糖质量指标中*DE*值的要求而定，一般为12～48 h；糖化温度一般采用55℃以上，可避免长时间保温过程中细菌的生长；糖化pH值一般为弱酸性，不易生成有色物质，有利于提高糖化液的质量。

(3)脱支酶

脱支酶是水解支链淀粉、糖原等大分子化合物中α-1,6糖苷键的酶。脱支酶可分为直接脱支酶和间接脱支酶两大类，前者可水解未经改性的支链淀粉或糖原中的α-1,6糖苷键，后者仅可作用于经酶改性的支链淀粉或糖原。以下仅讨论直接脱支酶。

根据水解底物专一性的不同，直接脱支酶可分为异淀粉酶和普鲁蓝酶两种。异淀粉酶只能水解支链结构中的α-1,6糖苷键，不能水解直链结构中的α-1,6糖苷键；普鲁蓝酶不仅能水解支链结构中的 α-1,6 糖苷键,而且能水解直链结构中的 α-1,6 糖苷键,因此它能水解含 α-1,6 糖苷键的葡萄糖聚合物。

脱支酶在淀粉制糖工业上的主要应用是和 β-淀粉酶或葡萄糖淀粉酶协同糖化,提高淀粉的转化率以及麦芽糖或葡萄糖得率。

2. 液化

液化是利用淀粉酶(液化酶)将糊化后的淀粉水解成糊精和低聚糖,即将一定淀粉酶先混入淀粉乳中,加热到一定温度后淀粉糊化、液化。虽然淀粉乳浓度达 40%,但液化后流动性强,操作并无困难。常用的液化方法有三种:高温液化法、喷射液化法和酸液化法。

(1)高温液化法　将 30%～40%的淀粉乳或淀粉质原料,用盐酸调节 pH 值为 6.0～6.5,加入氯化钙调节离子浓度为 0.01mol/L,加入需要量的液化酶。在保持剧烈搅拌的情况下,加热到 85～90℃保持 30～60min,达到需要的液化程度;或者将淀粉乳直接喷淋到 90℃以上的热水中,然后从罐底放出,在保温容器中保温 40min。此法需要的设备和操作都简单,但液化效果差,经过糖化后,糖化液的过滤性质差。

(2)喷射液化法　先通蒸汽入喷射器,预热到 80～90℃,用位移泵将淀粉乳打入,蒸汽喷入淀粉乳的薄层,引起糊化、液化。蒸汽喷射产生的湍流使淀粉受热快而均匀,黏度降低也快。液化的淀粉乳由喷射器下方卸出,引入保温桶中,在 85～90℃保温约 40 min,达到需要的液化程度。此法的优点是液化效果好,蛋白质类杂质的凝结好,糖化液的过滤性质好,设备少,也适于连续操作。马铃薯淀粉的液化较容易,可用 40%浓度。

(3)酸液化法　将 40%的淀粉乳,用盐酸或硫酸调节 pH 值为 1.1～2.2,在 130～145℃加热 5～10min,达到的 *DE* 值约为 15%时,降温、中和。酸液化法适合不同种淀粉的液化,液化液过滤性好,但水解专一性差,副产物多。

3. 糖化

糖化是指利用糖化酶将液化产生的糊精和低聚糖进一步水解成葡萄糖或麦芽糖。淀粉工业上应用的糖化酶为 β-淀粉酶、葡萄糖淀粉酶和异淀粉酶。

糖化操作比较简单:将淀粉液化液引入糖化桶中,调节到适当的温度和 pH 值,混入需要量的糖化酶制剂,保持 2～3d,达到最高的葡萄糖值,即得糖化液。糖化桶具有夹层,用来通冷水或热水调节和保持温度,并具有搅拌器,保持适当的搅拌,避免发生局部温度不均匀现象。

糖化的温度和 pH 值取决于所用糖化酶制剂的性质。曲霉一般用 60℃、pH 值 4.0～4.5,根霉用 55℃、pH 值 5.0。根据酶的性质选用较高的温度,可使糖化速度较快,感染杂菌的危险较小。选用较低的 pH 值,可使糖化液的色泽浅,易于脱色。加入糖化酶之前要注意先将温度和 pH 值调节好,避免酶与不适当的温度和 pH 值接触,活力受影响。在糖化反应过程中 pH 值稍有降低,可以调节 pH 值,也可将开始的 pH 值调节得稍高一些。

达到最高的葡萄糖值以后,应当停止反应,否则,葡萄糖值趋向降低,这是因为葡萄糖发生复合反应,一部分葡萄糖又重新结合生成异麦芽糖等复合糖类。这种反应在较高的酶浓度和底物浓度的情况下更为显著。葡萄糖淀粉酶对于葡萄糖的复合反应具有催化作用。

糖化液在 80℃以下受热 20min 后,酶活力全部消失。实际上不必单独加热糖化液,脱色过程中即可达到加热目的。活性炭脱色一般是在 80℃保持 30min,酶活力同时消失。

提高酶用量,糖化速度快,最终葡萄糖值也增高,能缩短糖化时间。但提高有一定的限度，过多反而引起复合反应严重，导致葡萄糖值降低。

（三）糖化终点的确定

淀粉及其水解物遇碘液显现不同颜色，可以用来确定糖化终点。检验方法是：将 10mL 稀碘液（0.25%）盛于小试管中，加入 5 滴糖液，混合均匀，观察颜色的变化。在糖化的初期，因有淀粉的存在，颜色呈蓝色。随着糖化的进展，逐渐呈棕红色、浅红色。可以取所需 *DE* 值的糖浆和稀碘液混合均匀，制成标准色管。把罐中所取糖浆和稀碘液混合均匀后所成的颜色与标准管颜色比较，以确定所需的糖化终点。

由于生产结晶葡萄糖需要的糖化程度较高，因此需用酒精试验糖化进行的程度：取糖化液试样，滴几滴于酒精中，呈白色糊化沉淀，随着糖化的进行，糊精被水解，白色沉淀逐渐减少，最后无白色沉淀生成，再糖化几分钟，*DE* 值即可达到 90%～92%，此时应即时放料。糖化时间过久不但不能增高糖化的程度，反而促进葡萄糖的复合与分解反应，降低糖化液的 *DE* 值，加深颜色，增加脱色精制的困难。所以，糖化时间不应过长。

二、糖化液精制

淀粉糖化液的糖分组成因糖化程度而不同，如葡萄糖、低聚糖和糊精等，另外还有糖的复合和分解反应产物、原存在于原料淀粉中的各种杂质、水带来的杂质以及作为催化剂的酸或酶等，成分是很复杂的。这些杂质对于糖浆的质量和结晶、葡萄糖的产率和质量都有不利的影响，需要对糖化液进行精制，以尽可能地除去这些杂质。

一般采用碱中和、活性炭吸附、脱色和离子交换脱盐等方法精制糖化液。酸法糖化液的主要精制工序为中和、过滤、脱色和离子交换树脂处理。酶法糖化液的精制工艺较为简单，经灭酶、脱色、浓缩即得成品。灭酶和脱色可同时进行，在 80～90℃下加入活性炭保持 20～30min，过滤即可。

（一）中和

中和工序是用碱中和糖化液中的酸，并使蛋白质类物质凝结。使用盐酸做催化剂时，用碳酸钠中和；使用硫酸做催化剂时，用碳酸钙中和；使用草酸时也用碳酸钙中和。中和时使用的碱液浓度一般为 2%～5%，中和温度以 85℃左右为宜。中和到蛋白质的等电点（pH 值为 4.8～5.2）。当糖化液的 pH 值达到这一范围时，蛋白质胶体处于等电点，净电荷消失，胶体凝结成絮状物，有利于下一道工序分离的进行。

（二）分离

为了能更好地促进蛋白质类物质的凝结，常加带有负电荷的胶性黏土（如膨润土）为澄清剂。膨润土的主要成分为硅酸铝，呈灰色，遇水则吸收水分，体积膨胀。这种膨润土分散于水溶液中，带有负电荷。将膨润土的悬浮液加入糖化液中，能中和蛋白质类胶体物质的正电荷，使之凝结。使用膨润土的方法有两种：一种是于中和之前加入酸性糖化液中，另一种是于中和之后加入糖化液中。比较起来，中和前加入除去蛋白质的效果更好。使用膨润土时，先把膨润土和 5 倍的水混合，浸润 2～3h，使之膨胀，然后以糖化液干物质 1%的用量加入糖化液中，处理时间为 15～30min。凝结的蛋白质、脂肪和其他悬浮杂质的相对密度较小，易于上浮到液面上，结成一厚层，呈现黄色污泥状，易用撇渣器撇开。

（三）过滤

经分离后的糖化液，仍会有少部分不溶性杂质，为了所得糖化液的透明度高，淀粉糖的质量好，需要进一步滤除糖液中的不溶性杂质。目前，工业上常用的过滤设备有板框式压滤机和叶滤机。在过滤机中，常用的助滤剂是硅藻土。一般采用预涂层的办法，以保护滤布的毛细孔不被一些细小的胶体粒子堵塞。

为了提高过滤速度，糖液过滤时，要保持一定的温度，使其黏度下降，同时要正确地掌握过滤压力。因为滤饼具有可压缩性，其过滤速度与过滤压力差密切相关。但当超过一定的压力差后，继续增加压力，滤速也不会增加，反而会使滤布表面形成一层紧密的滤饼层，使过滤速度迅速下降。所以过滤压力应缓慢加大为好。不同的物料使用不同的过滤机，其最适压力要通过试验确定。

（四）脱色

糖化液的脱色是除去其中的呈色物质，使糖化液透明无色。工业上糖化液的脱色一般用活性炭。它的脱色原理是物理的吸附作用，即将有色物质吸附在活性炭的表面而从糖化液中除去。活性炭的吸附作用是可逆的，它吸附有色物质的量取决于颜色的深浅。所以，活性炭先用于颜色较深的糖化液后，不能再用于颜色较浅的糖化液。反之，先脱颜色浅的糖化液，仍可再用于脱颜色较深的糖化液。工业生产中的脱色便是根据这种道理，用新鲜的活性炭先脱颜色较浅的糖化液，再脱颜色较深的糖化液，然后弃掉。这样可以充分发挥活性炭的吸附能力，减少炭的用量。这种使用方法在工业上称为逆流法。

1. 脱色工艺条件

（1）糖液的温度　活性炭的表面吸附力与温度成反比，但温度高，吸附速度快。在较高的温度下，糖液黏度较低，加速糖液渗透到活性炭的吸附内表面，对吸附有利。但温度不能太高，以免引起糖的分解而着色，一般以 80℃ 为宜。

（2）pH 值　糖液 pH 值对活性炭吸附没有直接关系，但一般在较低 pH 值下进行，脱色效率较高，葡萄糖也稳定。工业上均以中和操作的 pH 值作为脱色的 pH 值。

（3）脱色时间　一般认为吸附是瞬间完成的，为了使糖液与活性炭充分混合均匀，脱色时间以 25～30min 为好。

（4）活性炭用量　活性炭用量少，利用率高，但最终脱色效果差；用量大，可缩短脱色时间，但单位质量的活性炭脱色效率降低。因此要恰当掌握用量，一般采取分次脱色的办法，并且前脱色用废炭，后脱色用好炭，以充分发挥脱色效率。

2. 脱色设备

糖液脱色是在具有防腐材料制成的脱色罐内完成的。罐内设有搅拌器和保温管，罐顶部有排汽筒。脱色后的糖液经过滤得到无色透明的液体。

（五）离子交换树脂精制

糖液经活性炭处理后，仍有部分无机盐和有机杂质存在，工业上采用离子交换树脂处理糖液，起到离子交换和吸附的作用。离子交换树脂除去蛋白质、氨基酸、羟甲基糠醛和有色物质等的能力比活性炭强。应用离子交换树脂精制过的糖化液生产糖浆、结晶葡萄糖或果葡糖浆，产品质量都大大提高，糖浆的灰分含量降低到约 0.03%，仅约为普通糖浆的 1/10，因为有色物质被除得彻底，放置很久也不致变色。生产结晶葡萄糖，会使结晶速度快，产品质量和出品率都较高。而生产果葡糖浆，由于灰分等杂质对异构酶的稳定性有不利影响，也需要用离子交换树脂精制糖化液。

离子交换使用离子交换树脂。淀粉糖生产应用的阳离子交换树脂为强酸苯乙烯磺酸型，如上海出产的732、美国的Amberlite IR-120等。阴离子交换树脂为弱碱性丙烯酰胺叔胺型，如上海产的701、705和美国的Amberlite IRA-93等。树脂装在圆桶形树脂滤床中，若用阳离子和阴离子交换树脂滤床串联应用，能将溶液中的离子全部除掉。糖液由上而下流经离子交换树脂滤床，顶部的离子交换树脂与糖液接触，发生交换现象，一段时间后，这部分离子交换树脂能力消失，由较低部分的离子交换树脂发生交换作用。如此，离子交换区域逐渐向下移动，糖液先与交换能力已消失的离子交换树脂相遇，最后与尚未发生交换的新离子交换树脂相遇，这是一个逆流交换过程，效率较高。

离子交换树脂具有一定的交换能力，达到一定限度后不能再交换，需用酸或碱处理再生。阳离子交换树脂用5%～10%的盐酸再生，阴离子交换树脂用4%的氢氧化钠再生。阳、阴离子交换树脂使用一段时间后，其离子交换能力都降低，再生处理后也不能恢复其原有能力，这时需要更换新的离子交换树脂。

（六）浓缩

经过净化精制的糖液，浓度比较低，不便于运输和储存，必须将其中大部分水分去掉，即需要蒸发使糖液浓缩，达到要求的浓度。

淀粉糖浆为热敏性物料，受热易着色，所以在真空状态下进行蒸发，以降低液体的沸点。一般蒸发温度不宜超过68℃。蒸发操作有间歇式、连续式和循环式三种。

采用间歇式蒸发，糖液受热时间长，不利于糖浆的浓缩，但设备简单，最终浓度容易控制，有的小型工厂还在采用。

采用连续式蒸发，糖液受热时间短，适应于糖液浓缩，处理量大，设备利用率高，但最终浓度控制不易，在浓缩比很大时难以一次蒸发达到要求。

采用循环式蒸发可使一部分浓缩液返回蒸发器，物料受热时间比间歇式短，浓度也较易控制，适合糖液的浓缩。蒸发操作中的主要消耗是蒸汽，为了节约蒸汽，可采用多效蒸发，既可充分利用二次蒸汽，又可节约大量的冷却用水。

任务三　马铃薯淀粉糖的生产工艺

一、麦芽糊精

麦芽糊精的生产工艺一般用酶法和酸酶结合法两种。酸法水解产品过滤困难，溶解度低，易变混浊或凝沉，工业生产一般不使用此法。生产*DE*值为5%～20%的产品常用酶法。生产*DE*值为15%～20%的产品时，也可用酸酶结合法，即先用酸转化淀粉到*DE*值5%～12%，再用α-淀粉酶转化到*DE*值为15%～20%。采用这种方法生产的产品与酶法生产的相比，过滤性质好，透明度高，不变混浊，但灰分稍高。

（一）生产工艺流程

　　　　α-淀粉酶
　　　　　↓
淀粉调浆→液化→升温灭酶→脱色过滤→真空浓缩→浆状产品→喷雾干燥→粉状产品

（二）操作要点

1. 调浆

先将淀粉调成 21°Bé,再用碳酸钠溶液将 pH 值调到 6.0～6.5,用醋酸钙调节钙离子浓度为 0.01mol/L。

2. 液化

加入一定量的液化酶,用喷射液化器进行糊化、液化。淀粉浆的温度从 35℃升高到 148℃,经过液化的淀粉浆由喷射液化器下方卸出,引入保温罐中,在 85℃时再把剩余的酶加入,放置 20～30min。经过液化的液化液,*DE* 值可达到 15%～22%,pH 值为 6～6.5。

3. 脱色过滤

在液化液中直接加入活性炭,混合均匀,脱色 20～30min。利用板框过滤机进行过滤,成为无色透明的液体。

4. 浓缩

在真空浓缩蒸发器中将糖液进行浓缩,使麦芽糊精的浓度从 35%增加到 60%左右。

5. 喷雾干燥

将浓缩后的麦芽糊精喷雾干燥,成为疏松粉状麦芽糊精。产品需要严密包装,以防受潮。

(三)产品特性及应用

麦芽糊精具有许多独特的理化性质,如水溶性好、耐熬煮、黏度高、吸湿性低、抗蔗糖结晶性高、赋形性质好、泡沫稳定性强、成膜性好及易于被人体吸收等。由于这些特点,使它在固体饮料、糖果、果脯蜜饯、饼干、啤酒、婴儿食品、运动员饮料及水果保鲜等多种食品的加工和生产中得到应用,是一种多功能、多用途的食品添加剂,是食品生产的基础原料之一。此外,麦芽糊精的另一个比较重要的应用领域是医药工业。麦芽糊精的主要应用领域如图 2-2 所示。

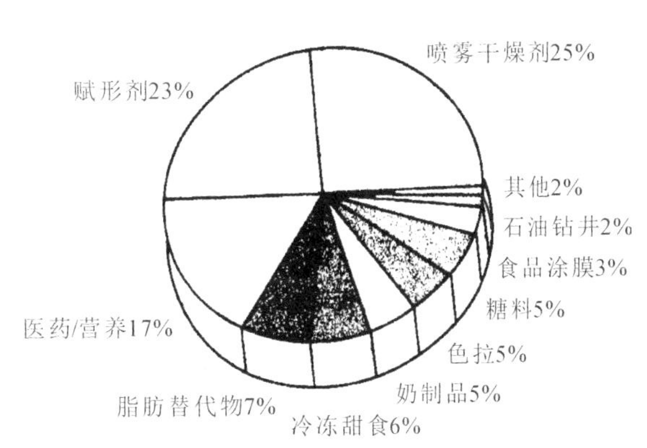

图 2-2 麦芽糊精的主要应用领域

二、低聚糖

低聚糖的主要成分为麦芽糖、麦芽三糖至麦芽八糖等,很少含葡萄糖和糊精。这种糖品含葡萄糖量很低、甜度低、黏度高、吸湿性低。

(一)生产工艺流程

α-淀粉酶 低聚糖酶 活性炭
↓ ↓ ↓
淀粉调浆→液化→糖化→脱色→过滤→真空浓缩→低聚糖(固形物 70%以上)

(二)生产情况简介

美国、日本低聚糖产品中麦芽四糖或麦芽五糖的含量较高(30%～50%),麦芽三糖占 5%～15%,麦芽糖占 2%～8%,葡萄糖占 5%～10%。我国研制生产的低聚糖精产品中麦芽糖占 25%,麦芽三糖占 25%,麦芽四糖、五糖、六糖都高达 12%～15%,麦芽三糖到麦芽七糖占总糖的 70%以上。这是所采用的低聚糖酶来源和性质不同所致。美国、日本多采用灰色链霉菌、施氏假单胞菌或假单胞菌产生的低聚糖酶，而我国多用高温根霉菌产生的低聚糖酶。

（三）产品的特点

低聚糖作为新型的甜味剂，与其他甜味剂相比，在许多方面都具有独特的优点。

1. 保健功能

低聚糖具有抑制肠道中腐败菌的生长、增加人体的免疫功能的作用；同时，低聚糖的食用可阻碍牙垢的形成和在牙齿上的附着，从而防止了微生物在牙齿上的大量繁殖，达到防龋齿的目的。低聚糖在美国、日本等已经流行，应用于食品工业的许多品种中，尤其是病人、老人和儿童的滋补食品。

2. 甜度

低聚糖的甜度低于蔗糖。如以蔗糖的甜度为100，则葡萄糖为70，麦芽糖为44，麦芽三糖为32，麦芽四糖为20，麦芽五糖为17，麦芽六糖为10，麦芽七糖为5。随着聚合度的增加，甜度下降，麦芽四糖以上只能隐约地感到甜味，但味道良好，没有饴糖的糊精异味。低甜度是一种优良的食品原料性质，与其他各种食品混合后不会对口味产生不好的影响，而且能够大量使用。低聚糖与高甜度甜味剂混用，起到改善口味、消除腻感的作用；混于酒精饮料中，可以减少酒精的刺激性，起到缓冲效果。

3. 黏度

麦芽三糖至麦芽七糖之间存在着明显的差异。麦芽二糖的黏度特性与蔗糖相同，麦芽三糖至麦芽七糖的黏度随着聚合度的增加而增加，麦芽七糖至麦芽十糖的黏度极高，使食品有浓稠感。较低聚合度的麦芽二糖、麦芽三糖和麦芽五糖仍能保持较好的流动性，是应用于营养口服液、病后营养滋补液等的糖源。

4. 水分活度和渗透压

与其他糖品相比，相同浓度低聚糖的水分活度大，渗透压小，因此适用于调节饮料、营养补液等的渗透压，减少渗透压性腹泻，提高人体对营养物质和水分的吸收速度和效率。

5. 其他特性

低聚糖在人体内具有很高的利用率，甚至超过葡萄糖与蔗糖的利用率。糖的聚合度越高，其利用率也越高。低聚糖对于氨基酸引起的褐变反应（又称美拉德反应）有很高的稳定性，所以用低聚糖作为甜味剂，可以避免食品着色。大部分低聚糖还具有抗老化和不易析出结晶的优点。低聚糖还可以形成具有光泽的皮膜，对各种蜜饯以及食品有特殊的利用性。

三、葡萄糖浆

葡萄糖浆生产工艺有酸法、酸酶法和双酶法。酸法工艺在水解程度上不易控制；酸酶法工艺虽能较好地控制糖化液的最终 *DE* 值，但和酸法一样，仍存在一些缺点，如设备腐蚀严重，使用原料只能局限在淀粉，反应中生成的副产物较多，最终糖浆甜味不纯。因此淀粉糖生产厂家大多改用双酶法生产工艺。

（一）生产工艺流程

液化酶 糖化酶
↓ ↓
淀粉乳→液化→糖化→过滤澄清→活性炭脱色→离子交换→浓缩→干燥→成品

（二）操作要点

1. 液化

先将淀粉调成21°Bé,用碳酸钠溶液调pH值到6.0～6.5,加入醋酸钙,调节钙离子浓度为0.01mol/L,加入需要的液化酶,用泵均匀输入喷射液化器,进行糊化、液化,淀粉浆的温度从35℃升高到148℃,经过液化的淀粉浆由喷射液化器下方卸出,引入保温罐中,在8℃时再把剩余的酶加入,放置20～30min,冷却后转入糖化工艺。

2. 糖化

经过液化的糖化液,*DE*值达到15%～22%,pH值为6.0～6.5。降温到60℃左右,并用盐酸调节pH值到4.0～4.3,加入所需糖化酶充分混合均匀,保持60℃左右进行糖化。糖化作用时间需48～60h,糖化后要求*DE*值达97%～98%。

3. 过滤澄清

糖化液中含有一些不溶性的物质,须通过过滤器除去。过滤用回转式真空过滤器,在使用前先涂一层助滤剂,然后将糖液泵入过滤器中进行过滤,所得澄清糖液收集于贮罐内,等待脱色。

4. 脱色

将糖液用泵送至脱色罐(内装有搅拌器),加热至80℃,加入活性炭混合均匀,脱色时间为20～30min。然后打入回转式真空过滤器中进行过滤,以除去活性炭,过滤的糖液收集于贮罐内。

5. 离子交换

离子交换柱设有三套,其中两套连续运转,一套更换备用。每一套离子交换柱可连续运转30h,经脱色的糖液由上至下流过,进行离子交换,除去糖液中的离子型杂质(如无机盐、氨基酸)和色素,成为无色透明的液体。

6. 浓缩

在浓缩蒸发器中将糖液进行浓缩,通过浓缩使葡萄糖糖液的浓度从35%提高到54%～67%。

7. 喷雾结晶干燥

将糖液浓缩到67%,混入0.5%含水α-葡萄糖晶中,在20℃下结晶,保持缓慢搅拌8h左右,此时糖液中有50%结晶出来。所得糖膏具有足够的流动性,仍能用泵运送到喷雾干燥器中。经喷雾干燥后的成品,一般约含水分9%。

(三)葡萄糖浆的应用

葡萄糖浆主要应用于食品工业,占全部用量的95%,非食品工业仅占5%,主要是医药工业。在食品工业中使用量最大的是糖果,其次是水果加工、饮料、焙烤,此外,在罐头、乳制品中也有使用。葡萄糖浆用于食品的优势如下:

(1)该产品甜度低于蔗糖,黏度、吸湿性适中,用于糖果中能阻止蔗糖结晶,防止糖果返砂,使糖果口感温和、细腻。

(2)葡萄糖浆杂质含量低,耐储存性和热稳定性好,适合生产高级透明硬糖。

(3)该糖浆黏稠性好、渗透压高,适用于各种水果罐头及果酱、果冻中,可延长产品的保存期。

(4)液体葡萄糖浆具有良好的可发酵性,适合在面包、糕点生产中使用。

四、中转糖浆

DE 为 42%的中转糖浆又称为普通糖浆或标准糖浆，主要由酸法制造。中转糖浆的糖分组成为葡萄糖 19%、麦芽糖 14%、麦芽三糖 11%，其余为低聚糖和糊精。

(一)生产工艺流程

调浆→糖化→中和→脱色→浓缩→中转糖浆

(二)操作要点

1. 调浆

将浓度约 40%的淀粉乳，调节 pH 值至 1.8～2.0。

2. 糖化

在糖化罐中，在 0.294MPa(143℃)下糖化 5min，*DE* 为 42%。

3. 中和

用碳酸钠将糖化液中和到 pH 值为 4.8～5.2。

4. 脱色

在糖化液中加入活性炭脱色，然后进行过滤。

5. 浓缩

用多效真空蒸发罐浓缩到浓度为 80%～83%的成品葡萄糖浆。糖浆经喷雾干燥，可除去大部分水分，得含水量在 5%以下的白色粉末状产品，包装、运输和贮存都比液体方便。

五、结晶葡萄糖和全糖

(一)生产工艺流程

1. 酸法生产含水 α-葡萄糖的工艺流程

酸(↓糖化)

淀粉乳→糖化→中和→精制→蒸发→浓糖浆→冷却结晶→分蜜→洗糖→干燥→过筛→含水 α-葡萄糖

2. 酶法生产葡萄糖的工艺流程

液化酶(↓液化)　糖化酶(↓糖化)

淀粉乳 → 液化 → 糖化 → 精制 → 浓缩 → 浓缩浆

→蒸发结晶 → 分蜜 → 干燥 → 无水 α- 葡萄糖

→蒸发结晶 → 分蜜 → 干燥 → 无水 β- 葡萄糖

→冷却结晶 → 分蜜 → 干燥 → 无水 α- 葡萄糖

→凝固 → 粉碎 → 干燥 → 全糖

→结晶 → 喷雾干燥 → 全糖

(二)操作要点

结晶葡萄糖的主要生产工序包括糖化、精制、结晶，其中结晶工艺较为复杂，而糖化、精制工艺和全糖生产类似。本部分主要介绍酶法生产全糖的工艺过程。

1. 调浆

淀粉乳含量为30%～35%，调节pH值到6.2～6.5，以10U/g添加量加入高温α-淀粉酶。

2. 液化

采用喷射液化法进行液化。一级喷射液化：105℃，进入层流罐保温30～60 min；二级喷射液化：125～135℃，汽液分离，如碘色反应未达棕色，可补加少量中温α-淀粉酶，进行二次液化。

3. 糖化

液化液冷却至60℃，调pH值为4.5，按50～100U/g加入糖化酶进行糖化，保温，定时搅拌，时间一般为24～48 h，当*DE*值大于或等于97%时，即可结束糖化。如欲得到*DE*值更高的产品，可在糖化时加少量普鲁蓝酶。

4. 过滤升温

对糖化液灭酶，同时使糖化液中的蛋白质凝结。过滤，最好加少量硅藻土作为助滤剂。

5. 脱色

在糖化液中加入1%活性炭脱色，80℃保温搅拌30min，过滤。

6. 离子交换

采用阳-阴离子交换树脂对糖化液进行离子交换。如果最终产品的要求不高，可省去此道工序。

7. 浓缩

采用真空浓缩锅浓缩至固形物含量为75%～80%（如用于喷雾干燥，浓缩至45%～65%即可）。

8. 凝固

将糖化液冷却到40～50℃，放入混合桶，加入相当于糖浆总量1%左右的葡萄糖粉作为结晶的晶种，搅拌冷却至30℃，放入马口铁制成的长方形浅盘中，静置结块，即得工业生产用全糖块。也可将糖块粉碎，过20～40目筛，再干燥至水分小于9%，即为粉状成品。

（三）性质与应用

酶法生产的葡萄糖（全糖）纯度高、甜味纯正，在食品工业中可代替蔗糖作为甜味剂，还可作为生产食品添加剂焦糖色素、山梨醇等产品的主要原料；在发酵工业上可作为微生物培养基的最主要原料（碳源），广泛用于酿酒、味精、氨基酸酶制剂及抗生素等行业。全糖还可作为皮革工业、化纤工业、化学工业等行业的重要原料或添加剂。

六、马铃薯渣生产饴糖

马铃薯渣是提取淀粉后的下脚料，利用此渣制饴糖，可变废为宝。下面介绍适合于农村加工饴糖的生产技术。

（一）生产工艺流程

麦芽制备→配料、糊化→糖化→熬制→饴糖

（二）操作要点

1. 麦芽制备

将大麦在清水中浸泡1～2h，水温保持在20～25℃。将大麦捞起，放在25℃的室内进行发芽,每天洒水2次。4d后麦芽长到2cm即可。

2. 配料、糊化

将马铃薯渣研碎、过筛,加入25%的谷壳,把8%的清水洒在配好的原料上,拌匀后放置1h。将混合料分3次上屉蒸制,第一次加料40%,上汽后加料30%,再次上汽后加进余下的混合料。从蒸汽上来时计算,蒸2h。

3. 糖化

料蒸好后放入桶中,加入适量浸泡过麦芽的水,拌匀。当温度降至60℃时,加入制好的麦芽,麦芽用量为料重的10%。拌匀,倒入适量麦芽水,待温度降至54℃时保温4h(加入65℃的温水保温),充分糖化后,把糖液滤出。

4. 熬制

将上述得到的糖液放入锅内,熬糖浓缩。开始火力要猛,随着糖液的浓缩,火力逐渐减弱,并不停地搅拌,以防焦化。最后以小火熬制。浓缩至40°Bé时即成饴糖。

七、高麦芽糖浆

(一)生产工艺流程

α-淀粉酶 β-淀粉酶、异淀粉酶

↓ ↓

淀粉精制→调浆→液化→糖化→脱色过滤→浓缩→离子交换→浓缩→成品

(二)操作要点

1. 淀粉精制

马铃薯中除含有大量淀粉外,还含有蛋白质、脂肪、果胶和磷质等成分,这些物质在生产淀粉糖时是不利物质,所以,不能直接用鲜薯制取,必须要精制淀粉。

2. 液化

高麦芽糖浆的制备在很大程度上取决于糖化液的*DE*值,而*DE*值的大小受酶活力、底物浓度、温度、pH值及维持时间的影响。有学者研究用酶制剂制备马铃薯高麦芽糖浆的液化最佳条件是:淀粉乳浓度为25%,淀粉酶活力为6.5单位/g,Ca^{2+}/酶量为2.0/1.0,液化时间为10min。

3. 糖化

要求糖化液的异淀粉酶活力为30单位/g,β-淀粉酶活力为4单位/g 。

4. 脱色过滤

采用压滤机趁热过滤,用1%硅藻土作助滤剂,这样可以除去纤维物质、蛋白质和脂类。脱色采用活性炭吸附净化,活性炭的用量为滤液干物质的0.5%~1.5%,要求滤液pH值为4~6。在较低pH值下脱色,脱色温度为75~80℃,搅拌时间为30min。

5. 浓缩

澄清糖液,采用减压蒸发浓缩至25°Bé(固形物含量为45%~55%),要求真空度为93.9~99.5kPa,温度控制在52~55℃。

6. 离子交换

采用732阳离子树脂和701阴离子树脂,按阳-阴-阴法串联。糖化液进行离子交换的温度应高于30℃。

7. 浓缩

将离子交换下来的糖液浓缩，直至固形物含量达到 76%～78%。

八、焦糖色素

焦糖色素是一种天然着色剂，被广泛用于食品、医药、调味品、饮料等行业。焦糖色素的生产可用各种不同来源、不同工艺加工的糖质原料，常用淀粉质原料生产或直接用糖浆生产。生产工艺多用常压氨法，基本原理是：糖质原料中的还原糖与氨水在高温下发生美拉德反应，生成有色物质。焦糖色素的颜色深浅用色率（EBC）表示，色率的高低与糖质中还原糖的含量、氨水用量、反应温度等因素有关系。一般糖质中还原糖的含量越高，焦糖色素的色率越高。

（一）生产工艺流程

液化酶 → 液化；糖化酶 → 糖化；氨水 → 美拉德反应

淀粉质原料 → 液化 → 糖化 → 过滤澄清 → 浓缩 → 美拉德反应 → 稀释 → 液体色素

美拉德反应 → 喷雾干燥 → 粉末色素

（二）操作要点

1. 糖化

淀粉质原料可直接利用马铃薯或其淀粉，其液化、糖化工艺与葡萄糖浆生产工艺相同，可以采用双酶法、酸法或酸酶结合法。使用糖浆、糖蜜等作为原料时，可直接浓缩进行美拉德反应。

2. 过滤澄清

糖化液中含有一些不溶物质，须通过过滤器除去。用板框过滤机、回转式真空过滤器等进行过滤，在过滤前先涂一层硅藻土作为助滤剂。如生产高质量的色素，还需进行脱色、离子交换处理，其处理方法与葡萄糖浆生产工艺相同。

3. 浓缩

可以直接采用常压蒸发器进行浓缩，直至糖液变浓，温度达到 135～140℃。

4. 美拉德反应

分次加入氨水（浓度为 20%～25%）进行反应，反应温度维持在 140℃左右。氨水的用量是糖液干物质的 20%，反应时间为 2h。

5. 液体色素

反应结束后，将糖化液加水稀释到 35°Bé，色率达 3.5 万 EBC 单位左右，包装后即为成品液体焦糖色素。

6. 粉末色素

将上述液体色素喷雾干燥或将不经稀释的膏状色素经真空干燥后粉碎，即得粉末固体焦糖色素，色率为 8 万～10 万 EBC 单位。

思考与练习

1. 简述淀粉糖的主要特性及对产品的影响。
2. 酶法生产马铃薯淀粉糖时为什么要经过液化?
3. 简述马铃薯淀粉糖生产中糖化终点的判断方法。
4. 酸法糖化液的精制工艺包括哪几项?
5. 简述麦芽糊精的生产工艺流程及应用。
6. 简述葡萄糖浆的生产工艺流程及在食品工业中的应用。
7. 简述低聚糖的生产工艺流程。

项目三　马铃薯食品的质量控制

知识目标

1. 了解马铃薯食品质量控制的意义以及引入质量保证体系的原因。
2. 熟悉影响马铃薯加工品质的因素。

技能目标

1. 掌握马铃薯食品质量管理的作用。
2. 掌握影响马铃薯加工产品质量的因素，以及原料薯品种特性对加工的影响。

任务一　马铃薯食品的技术和质量保证

一、概述

20 世纪 70 年代以来，市场经济逐步由市场竞争演变为质量竞争，世界各国都在推行最新的质量管理理论和研究提高质量的新方法。企业要生存与发展，必须强化质量管理，质量不仅是产品的质量，也包括了体系的质量和过程的质量。为了获得优质的产品，就必须对原料生产、收购到产品消费全过程进行全面的质量控制。

引入质量保证体系，用以增加高层管理人员的质量保证意识，以确保产品安全、卫生，符合产品生产要求、公司质量标准以及质量方针等方面的要求。生产货架周期长的产品要承担很大的风险，并有可能失败，它要求每个"单元操作"阶段都能发挥出高效能。所有预处理阶段的物理和化学参数、产品灭菌和包装工艺过程，以及可能造成再污染的各个环节，都必须在有丰富经验的控制人员的监督下予以认真检查并做好记录。生产过程控制比最终产品控制更有效，也更重要。

生产过程中有两种原因可能导致问题出现：其一是因管理方法导致的随机原因；其二是由操作人员或生产工人在某一生产过程中造成的可确定原因。

大多数原因出自管理人员作出的决定，如供应商选择、工艺设计、设备编号、设备维修、产品设计、雇员招聘、雇员培训以及领导水平等，这些因素至少占了全部原因的 80%。

在货架周期长的产品中可能出现的问题有物理问题、化学或感官方面的问题以及与微生物有关的问题，从而影响产品的商品价值。

随着我国法制化建设进程的加快，我国将逐步完善食品质量与安全的法律法规，建立健全管理机构，完善审核、管理、监督制度，逐步建立一套有法律依据的、与国际通行做法相适应的国家食品安全卫生技术法规体系。企业必须按照政府制定的技术法规体系建立安全卫生自控体系，生产安全卫生的食品，并主动接受官方机构对其体系实施的监控。

二、技术和质量保证的基本要求

随着中国经济的快速发展，人们生活水平进一步提高。以马铃薯为原料的加工产品(食品、工业产品)越来越受到消费者的欢迎，然而马铃薯加工是一个非常复杂的过程，有许多领域有待于深入研究、开发。在此，我们只讨论技术的应用和与最终产品相关联的有关领域。

质量保证能增加消费者的信心。质量保证分为三个基本部分，即控制、评价和食品系统审计或产品制造及销售。一个企业生产产品的目的是卖给消费者并从中获利。因此消费者是关键，企业必须取悦消费者，使消费者最终对产品建立信心。

质量控制是保证产品质量的必要条件。质量控制就是制定一些与生产线相关联的标准或要求，如特殊单元操作和生产过程。质量控制能使员工按照规定的工艺参数或要求进行单元操作，使产品质量达到要求。因此必须花费大量的时间和精力对员工进行专门的质量管理培训。

质量保证的主要目的是获得所有影响生产工艺和生产质量的信息，这种信息能使管理者掌握整个生产过程，它可以引导管理者制定正确的生产工艺或制定符合质量要求的生产工艺。因此，质量保证要求做到以下几点：

(1)改进原料加工过程。

(2)改进生产工艺，减少浪费，提高效率和增加产量。

(3)遵守现行的良好生产规范(GMP)，并提高食品厂的卫生条件。

(4)保证生产过程的安全，遵守 HACCP(危害分析和关键控制点)，控制关键控制点。

(5)保持消费者对产品制造和对企业的信心。

在实际生产过程中，要根据每一个工艺环节设计出影响操作的关键控制点，并以此指导实际生产。

质量保证体系的实施还涉及下列影响因素。

(1)组织：只对高级管理人员负责，并直接对管理者报告，但要和其他部门分享信息。

(2)操作人员要经过资格认证。

(3)掌握生产计划，掌握从原料、生产线到产品的全过程。

(4)理解质量的要求和标准。

(5)掌握技术的衡量标准并能够向操作工解释这些技术的应用。

(6)掌握生产过程控制的技术，能进行数据的统计和分析，并能提出解决问题的方法。

(7)了解生产流程和不同的单元操作过程，掌握质量保证的限制和质量的标准。

在实际生产中还涉及一些与马铃薯产品质量有关的评价因素，如马铃薯块茎的标准化；颜色和颜色标准；质地和质地标准；气味和影响气味的因素，包括烹调油、盐和调料；缺陷的去除。除了上述内容外，还要建立良好生产规范，在生产过程中实施对产品质量与卫生安全的自主性管理，以及危害分析和关键点控制，以此识别对食品安全有威胁的特定的危害物，并对其采取预防性的控制措施，从而减少生产有缺陷的食品的风险，保证食品安全。

三、生产过程中原料及产品的质量控制

（一）马铃薯淀粉

1. 原料与产品

原料为适于生产食用淀粉的马铃薯（按国标 GB/T 8884—2017），其成分如下：干物质占总重量的比例最小应为 22.5%；淀粉占总重量的比例最小应为 16%；蛋白质占总重量的比例最大应为 2.7%；粗纤维占总重量的比例最大应为 1.9%；灰分最大应为 1.2%。

除此之外，马铃薯还需符合以下条件：①马铃薯应在收获后 1 个月内加工；②马铃薯不可受冻；③马铃薯无发芽；④1kg 马铃薯的个数最多为 15 个；⑤1kg 马铃薯的坏损率不超过 4%；⑥进入工厂的未净化的马铃薯不能含有超过 5%的泥沙和其他杂质。

2. 淀粉质量标准

淀粉的水分最大为 20%，灰分最大为 0.5%；蛋白质含量最大为 0.2%；斑点不超过 9 个/cm^2；白度（按照 DIN6174）不低于 88%。干燥后的淀粉必须经过筛分，细度为 150μm 筛，通过率为 99%。蛋白质原料为马铃薯淀粉车间的未被稀释的细胞液，成分如下：从马铃薯得到的细胞液含有 1.4%～1.54%的可凝结蛋白质，总蛋白质含量大约为 2.8%。马铃薯蛋白质产品质量：水分为 8%～12%；蛋白质含量大于 80%干基。

（二）马铃薯全粉

1. 原料与产品

马铃薯品种单一、纯净；干物质含量高，一般在 20%以上；还原糖含量低，最好在 0.2%以下；薯肉色浅，呈白色或淡黄色；外形圆滑，芽眼少而浅；单个薯块的重量在 70g 以上。同时，应严格除去发芽、冻伤、发绿及病变腐烂的马铃薯。

2. 全粉质量标准

据了解，迄今为止，马铃薯颗粒全粉尚无统一的国际质量标准，各个国家、地区、公司都有自己不同的标准，但不论何种质量标准，基本上都包括以下四部分标准内容，即感官标准、理化标准、卫生标准和添加剂残留量标准。根据我国具体情况，参考欧洲经济共同体各国的一般标准，我国马铃薯颗粒全粉应达到以下最低质量标准：颜色，浅黄或乳黄；黏性，粉粒膨松，复水后不发黏；口感，纯正煮熟的马铃薯香味和口味；菌落总数，小于或等于 10^4 cfu/g；大肠菌群，无；致病菌，不得检出；颗粒大小，小于或等于 0.25mm（颗粒粉），2～8mm（雪花粉）；水分，6%～8%；游离淀粉，小于或等于 4%；还原糖，小于或等于 2%。

（三）冷冻马铃薯条

1. 原料与产品

原料的品种应单一、纯净，块茎呈长椭圆或长筒形，芽眼浅，薯块大，还原糖含量低于 0.25%，耐低温贮藏，相对密度在 1.085～1.100 之间，炸食风味、口感好。

2. 马铃薯条质量标准

冷冻马铃薯条通过原料的质量控制和生产过程中严格的质量控制，才能更好地保全马铃薯的风味物质和营养成分，增加马铃薯的附加值。

最终产品应达到以下质量标准：产品颜色呈白色或淡黄色，断面大小一致，长度达标，条形规整，无杂质，具有该品种特有的风味，无异味；水分≤70%；外形尺寸为 10mm×10mm×55mm；盐分≤1.5%；含油量≤5%；砷（以 As 计）≤0.5mg/kg；铅（以 Pb 计）≤0.5mg/kg；

细菌总数(出厂)≤750个/g;细菌总数(销售)≤1000个/g;大肠菌群≤30个/100g;致病菌,不得检出;霉菌计数(出厂)≤50个/g;霉菌计数(销售)≤100个/g。

(四)马铃薯薯片

1. 原料与产品

块茎呈圆形,芽眼浅,商品薯率在85%以上;还原糖含量低于0.25%,耐低温贮藏,相对密度在1.085~1.100之间,炸食风味、口感好。

2. 薯片质量标准

具有该品种特有的正常色泽、气味和滋味,不得有酸败、发霉等异味。水分:≤7%;酸价(以脂肪计):≤3mgKOH/g;过氧化值(以脂肪计):≤20meq/kg;砷(以As计)≤0.5mg/kg;铅(以Pb计)≤0.5mg/kg;细菌总数(出厂)≤750个/g;细菌总数(销售)≤10 000个/g;大肠菌群≤90MPN/100g;致病菌,不得检出;黄曲霉毒素B_1(以玉米为原料):≤5μg/kg。

任务二　马铃薯的品质

在农业产业化发展的新形势下,我国马铃薯加工业得到了快速发展。随着马铃薯加工业的发展和生活水平的提高,人们对马铃薯的品质要求也越来越高。

2016年我国马铃薯的种植面积为550多万公顷,已成为世界上马铃薯种植面积最大的国家。据统计,近年来中国每年马铃薯精淀粉、全粉和薯条的需求量呈逐年上升趋势。我国的马铃薯已从一个单纯的粮食作物转变成具有多种用途的经济作物。马铃薯产业的发展和市场需求的变化同时也对品种品质特性提出了更多、更高的要求。

一、我国马铃薯的品质现状及存在的问题

我国马铃薯育种工作自20世纪50年代以来已取得了很大的成绩,选出了一大批适应不同地区栽培的品种,克服了当今流行的主要病害,如晚疫病、环腐病等,大幅度地提高了马铃薯产量。随着生产水平的提高和人们生活条件的改善,尤其是以马铃薯为原料的加工业的兴起,人们对马铃薯的品质性状提出了更高的要求。

(一)我国马铃薯的品质现状

马铃薯块茎是贮藏器官,块茎内各种成分的含量直接影响到马铃薯的加工品质和加工工艺。一般情况下,块茎内76%左右是水分,24%左右是干物质,淀粉占干物质的70%~80%。马铃薯块茎含有2%左右的蛋白质,包括18种氨基酸,其中有人体不能合成的各种必需氨基酸,且容易消化、吸收。马铃薯块茎还含有多种维生素和无机盐成分,包括维生素C、维生素A等18种维生素和钙、磷、铁等10多种矿物质元素。经常食用马铃薯对人体健康十分有益。应当指出的是,马铃薯块茎在发芽或变绿时会增加龙葵素的含量,如果龙葵素含量过高,食用时会口麻。若100g鲜块茎中龙葵素的含量超过20mg,食用后就会中毒。因此,块茎发芽和表皮变绿时,一般不能食用。

据统计,我国现育成的马铃薯品种的干物质含量变幅在13.1%~28.8%之间,平均为20.7%;淀粉含量变幅在11.3%~20.4%之间,平均为14.5%;还原糖含量变幅在0.22%~1.4%之间,平均为0.8%;粗蛋白含量变幅在0.2%~2.6%之间,平均为1.3%;适宜炸食加工的品种很少。

（二）我国马铃薯品质存在的问题

我国现育成的马铃薯品种与世界马铃薯生产先进国家如荷兰、美国、加拿大的品种相比，在品质性状上还存在着很大差别。主要原因表现在：

外观品质：为缓解粮食供需矛盾突出的问题，长期以来我国马铃薯育种和生产只片面追求产量，忽视了对块茎外观与加工品质的选育和改良，大多数品种薯形较差，芽眼较深，削皮损耗率很大，薯皮抗损伤能力差。

内在品质：大多数品种的干物质含量较低（18%以下），相对密度小（1.080以下），淀粉含量低（12%～15%），维生素C含量低，还原糖含量较高（0.4%以上），薯肉易褐变，不能满足马铃薯加工业的需要。有的品种的龙葵素含量较高，吃起来麻嘴，对人身体健康有害。

二、我国马铃薯品质的改良策略

针对我国马铃薯品质方面存在的问题，为尽快提高我国马铃薯品质育种水平，满足我国马铃薯加工业发展的需要，借鉴世界先进国家的经验，必须加强马铃薯育种新技术的开发和利用以及扩大种质资源的利用范围。

（一）马铃薯新育种技术的开发与利用

倍性育种技术的开发利用：马铃薯野生种和近缘栽培种是重要的遗传资源，在病虫害抗性、加工品质和抗逆等方面突出的优良性状，对现代品种改良具有重要意义。

品质性状转基因研究：基因工程是在分子水平上对基因进行直接操作，它的主要优点是专一性强，可以在优良的遗传背景上只改变某些个别性状而不影响其他性状，更具有科学性和准确性。实现定向改造植物遗传性状，提高了育种性和可操作性，这在选育加工型品种中尤为有效。

（二）扩大种质资源的利用范围

马铃薯是继水稻、小麦、玉米之后的第四大农作物，国际马铃薯中心和欧美先进国家非常重视种质创新和品种选育的研究，在搜集各种倍性的马铃薯栽培种、野生种资源的基础上，进行抗性鉴定、品质评价等，发现了许多在普通四倍体中不存在的优良特异基因（低还原糖含量、高比重、青枯病抗性、晚疫病抗性、病毒病抗性、抗虫、抗旱耐盐碱及抗霜冻等），并且利用这些马铃薯野生种和原始栽培种，应用种间杂交、轮回选择、倍性育种、体细胞融合等方法，在不同的倍性水平进行加工、鲜食等专用型品种选育，抗晚疫病、青枯病及低温冷藏直接加工特性和主要病毒病的资源创新筛选，以及性状的遗传分析、选择理论和育种技术的系统研究。

随着马铃薯加工业的发展和专用马铃薯育种技术的不断完善，马铃薯品质性状改良工作将会取得更大的进展，各种不同用途的优质专用型马铃薯新品种将会不断育成推广。

三、影响马铃薯加工品质的因素

马铃薯所含碳水化合物、有机酸和氨基酸对马铃薯颜色、质地、风味以及对加工产物的品质有较大的影响。

马铃薯可以在许多不同的条件下生长、收获、贮存和加工，但它们有一个共同的特点，就是在它们的生长过程中会产生某些物质。生长着的马铃薯同时也是一个加工厂。在马铃薯的生长过程中，绿色植物利用空气中的二氧化碳和土壤中的水在太阳能的作用下合成简单的糖，这一过程就叫光合作用，但这一过程在特定的条件下是可逆的。同样，在缺水，土壤中缺乏营养，缺少阳光，发生病害、虫害或过度施加营养和水等逆境条件下，光合作用也是可逆的。绿色植物有合成单糖的能力，并能将其转化成蔗糖，蔗糖再被运送到根系，在根部被进一步合成淀粉并贮存。

只要植物是绿色的，光合作用就将继续，并最大限度地贮存淀粉。淀粉由两种聚合物组成，即直链淀粉(21%～25%)和支链淀粉(75%～79%)。葡萄糖可以先聚合成直链淀粉，再形成支链淀粉，从而形成这两种聚合物。

如果马铃薯生长条件受到限制或马铃薯块茎在没成熟时就被收获，糖就不能被完全转化成淀粉。蔗糖被分解成葡萄糖而不是合成淀粉，这种变化将给马铃薯加工用户带来极大的麻烦。因此，在收获时要确保马铃薯的成熟度和质量。

成熟的马铃薯块茎采收后，经适当的木栓化作用，所有的糖被转化成淀粉并贮存。而不成熟的马铃薯块茎中也含有大量的糖，这类马铃薯经贮藏后则不能用于加工薯片。

在多数情况下，不成熟的马铃薯块茎在采收后直接加工成薯片，可以抑制蔗糖分解为还原糖和光合作用的发生，可以使糖的含量低于0.15%。马铃薯块茎在收获前、收获中和收获后必须使其温度保持在10℃以下。低温将使蔗糖转化为还原糖的速度增加，特别是使果糖含量增加。虽然马铃薯品种不同，但它们的化学组成并没有多大的区别。

马铃薯块茎是有生命的活体组织，在贮藏过程中继续进行着生命活动。在贮藏过程中马铃薯的呼吸量取决于贮藏温度、湿度和其他贮藏条件。通过控制上述条件，可以有效地控制马铃薯在贮藏过程中的呼吸作用。在马铃薯呼吸过程中还原糖转化为二氧化碳和水，还原糖的分解反应需要有氧气。因此，在马铃薯的贮藏过程中，必须控制氧气的含量和贮藏温度，以防止还原糖的分解反应发生。

碳水化合物在马铃薯制品(脱水制品、切片、冷冻或油炸产品)的颜色形成方面起着非常重要的作用，特别是还原糖与氨基酸作用发生美拉德反应，使这些马铃薯制品的颜色变黑，因此可通过控制马铃薯的成熟度、贮藏条件或在加工之前对马铃薯进行升温贮藏处理等降低还原糖的含量，解决加工制品颜色深的问题。

马铃薯块茎中的其他化学组成对最后加工产品的风味和质地也会产生重要的影响。马铃薯淀粉结构的不同直接影响着制品的口感。马铃薯中酸的含量也会影响产品的风味。由于品种不同，马铃薯中绿原酸和咖啡酸的含量也不同，并且这两种酸将直接影响马铃薯的贮藏和产品的风味。

四、原料薯的品质要求

马铃薯制品的主要性质是由原料马铃薯的品质决定的。为了保证产品质量，尤其是生产厂家为了生产出质量合格、风味和质地稳定的产品，必须对原料马铃薯进行严格的质量控制。

对原料薯来讲，首先要对其特性进行检查，这些特性包括大小、形状、外观、缺陷、去皮量、芽眼深度、薯肉温度和薯肉颜色。根据这些指标初步判断所选的马铃薯是否适合加工。还需要测定马铃薯的相对密度，进一步进行油炸试验。

在实际生产中，生产厂家购进的一批马铃薯往往是形状、大小各异，为了确保产品形状的统一和生产时的方便，要对原料薯进行分级处理。一般来讲，块茎大而圆、易去皮的马铃

薯在工业生产中最受欢迎，块茎小的马铃薯可以用于加工小薯片。所以，工厂将不同大小的马铃薯进行分级处理后，加工成不同形状和大小的薯片，并在包装量上调整，可以合理利用原料，减少浪费。

（一）马铃薯块茎大小

块茎大小是人们选择品种的首要标准，也是消费者购买马铃薯的主要依据。加工目的不同，对马铃薯块茎大小就有不同的要求。家庭消费用的马铃薯希望在进行简易的处理和加工过程中去皮损失程度较小。块茎越小，损失越大。直径在 4～7.5cm 的块茎较好，直径在 2～4cm 的较小块茎只适合于加工罐头。

对于淀粉加工企业而言，淀粉含量与块茎大小也有直接关系，对马铃薯淀粉加工质量起着决定性作用。中等大小的块茎（50～100g）淀粉含量较多，大块茎（＞100g）和小块茎（＜50g）一般淀粉含量较少。

一般认为马铃薯块茎越小，其结薯越晚，淀粉累积越少，其淀粉含量越少。实际上马铃薯生长后期，块茎大小不再变化，但干物质（主要是淀粉）的累积并没有停止，因此块茎小淀粉含量不一定少。有研究证明，不同大小块茎的淀粉含量与品种特性有关。

（二）马铃薯形状

马铃薯块茎的形状主要分为 8 种：扁圆形、圆形、卵圆形、倒锥形、椭圆形、圆柱形、长柱形和长形；其他形状大致有 9 种：平滑的、棒状的、肾脏形的、纺锤形的、钩状的、卷曲的、手指状的、手风琴状的和堆积状的。

块茎形状对马铃薯加工非常重要，加工过程中采用机械去皮和切片对块茎形状有特殊的要求。马铃薯品种和栽培密度影响马铃薯的形状，栽培密度大，生长的马铃薯形状较均匀。块茎的形状还受生长期间气候条件特别是温度的影响。据报道，温度在 12～20℃ 时块茎的形状最佳。目前有 4 种形状，即圆形、椭圆形、尖椭圆形和肾脏形被认为是最佳的形状。圆形适合于加工薯片，规则圆形块茎的去皮损失率低。

（三）马铃薯芽眼深度和表皮质量

芽眼是指块茎表面藏有芽的凹陷处。对芽眼的要求是统一的，即要求块茎的芽眼尽可能浅，最后达到与表皮持平的程度。马铃薯的芽眼深度多半受遗传基因的控制，芽眼深浅是块茎的一种遗传性状，但是也受环境条件的影响。如果芽眼在表面，就可以认为芽眼浅；如果芽眼进入薯肉 0.3cm，就可以认为芽眼深。芽眼深的马铃薯去皮时间长、去皮损失率高。因此，要选用芽眼浅的品种。

在气候冷凉、昼夜温差大的北方地区，块茎表现出的芽眼就较深；相反，在我国南方冬种的条件下，由于昼夜温差较小，气候比较湿润，块茎的芽眼普遍较浅。

（四）马铃薯去皮

马铃薯去皮是所有马铃薯制品加工过程的重要环节。马铃薯表皮的厚度是一种品种特性，它也受栽培因素的影响。在表皮木栓化后去皮，如果贮藏时间越长，尤其是贮藏时湿度较低的情况下，表皮就越厚。长时间贮藏再加上块茎的一些特殊形状，会使去皮损失率超过 20%。刚收获的新鲜马铃薯，表皮薄，容易去皮，去皮损失率低。光面马铃薯去皮容易，去皮损失率低。同样大小和形状的马铃薯，麻面比光面的去皮损失率要高。

马铃薯去皮技术有手工去皮、机械去皮、化学去皮和蒸汽去皮。前文已有叙述，此处不赘述。

(五)薯肉温度

薯肉的温度决定马铃薯还原糖的含量。低温下,薯块中积累较多的还原糖,使块茎变甜,从而油炸褐变,品质降低。通过测定薯肉温度可以判断还原糖的含量。如果薯肉温度低于10℃,则表明薯肉中有还原糖,用这种原料炸出的薯片颜色深。

欧美相关企业对马铃薯贮藏方法的研究结果证实,马铃薯贮藏期间通过合理调节降温/升温速率,可有效控制马铃薯中还原糖的升高。常用的典型程序为:马铃薯入库后的前4周内,保持每日降温幅度不超过0.3℃左右,使薯块温度缓慢下降至贮存温度,以防止还原糖升高。出库加工前,需用2周以上时间逐步升温至加工所需的温度,这样可以有效地控制还原糖的升高。

但是马铃薯若要长期保存,则要求在4℃以下贮藏。马铃薯的贮藏温度为4～8℃,相对湿度为90%,适当通风,避免光照,喷洒抑制剂。在此条件下,马铃薯休眠期可达180d。

(六)薯肉颜色

马铃薯薯肉的颜色也是受到消费习惯所约束的质量性状。常见的薯肉颜色是白色或黄色,也有红色、紫色、蓝色薯肉的彩色马铃薯。

在马铃薯块茎中已经检测出十多种不同的类胡萝卜素,它们与薯肉颜色有直接关系。

在大多数欧洲国家,消费者喜欢黄色薯肉,这种薯肉颜色对制作马铃薯炸片和马铃薯炸条十分有利。黄色薯肉加工的薯片质地较好。黄色薯肉与白色薯肉相比,前者加工薯片的颜色较深。

彩色马铃薯由于溶解在表皮细胞汁液中或周围皮质细胞中的花青素苷使表皮带有颜色。大量研究证明了彩色马铃薯富含的花色苷是自然界一类广泛存在于植物中的水溶性天然色素,属多酚类化合物,是保健功能的活性成分。同时,彩色马铃薯可以作为淀粉、色素来源,并能利用其自身色彩鲜艳、营养丰富等特点来开发特色食品,如彩色马铃薯片、薯条,彩色马铃薯配菜等,这也将大大增加彩色马铃薯的经济利用价值。

(七)油炸试验

在了解了马铃薯的一些基本物理性质之后,在正式投产之前应模拟工业生产条件进行油炸试验。影响油炸薯片质量的主要因素是马铃薯的相对密度、切片厚度和油炸温度。不同品种的马铃薯,其干物质和淀粉含量不同,因此各种原料的相对密度也不相同。原料干物质含量越高,相对密度越大。要获得品质优良的油炸薯片,提高产品出品率,降低生产成本,就必须根据生产工艺要求,选择适宜品种的原料块茎,即整齐、皮薄、芽眼浅和相对密度较大的马铃薯。

切片厚度要适中,切面要光滑。切面粗糙、切片厚度过薄或过厚都会造成产品的含油量增加。油炸温度过低,炸制时间过长,含油量则增加,因此一般选择高温短时油炸。但油炸温度过高会加速油脂分解,造成油脂哈败。另外,油炸前物料水分含量越低,其含油量就越少。

试验证明,薯片厚度、形状、油炸温度和马铃薯相对密度这些指标微小的变化就可以使油炸时间发生改变,进而影响到薯片的最终含油量。因此,生产企业为了保证产品的质量稳定,在每一批原料投放生产之前必须进行油炸试验。

任务三　马铃薯制品的颜色和缺陷

一、马铃薯制品的颜色

所有马铃薯加工产品的颜色几乎都与原材料和工艺操作有关。马铃薯块茎的种植，使用的化肥，收获时的成熟度，生长过程中的外界条件，收获和贮藏前后马铃薯块茎的处理，马铃薯加工条件，如加工时间和温度等，都会影响马铃薯最终产品的质量。毫无疑问，对大多数马铃薯制品来说，颜色是质量控制因素中最难控制的属性。

下面是对马铃薯制品生产中得到最佳颜色的一些建议：

(1)了解所选用的马铃薯品种。所选用的马铃薯品种一定要适合所加工产品的属性。

(2)了解种植过程使用肥料的类型，特别是在控制氮肥的使用量方面，保证马铃薯中氮的残留量不超过作物规定的要求。

(3)在收获时要确定糖的含量，并确保使还原糖的量低于 0.15%。如果马铃薯需要贮藏，则要控制温度在 10℃以上。

(4)在收获马铃薯时，要控制温度在 10℃以上。

(5)在贮存过程中，温度达到 21℃之前，不要对马铃薯进行搬运和处理。

(6)美国休闲食品协会对马铃薯片加工过程提出三点质量要求：一是切片要薄(0.12～0.14cm)。二是在油炸前用 77℃的热水烫漂 30s。三是油炸温度要低，薯片的内部温度不超过 177℃，外部温度不超过 165.5℃，因为薯片颜色往往都是在油炸结束时形成的。

(7)对于脱水马铃薯(除炸马铃薯片外)，上述所有的过程都适用。马铃薯制品在烘干过程中，温度是最关键的因素，马铃薯制品的烘干温度取决于制品类型。烘干时要求确保水分的扩散是连续的，并且烘干制品不能变硬。

(8)对炸薯片，由于在配料中添加了蔗糖，使已经漂白的薯片颜色变深。在实际生产中，只要控制上述 1～5 步，即可以有效地控制薯片颜色的变化。

二、马铃薯制品的缺陷

完整块茎是指健康、完整且无变绿、无擦伤、无虫害、无冻害等现象的块茎。缺陷块茎是指块茎表皮和薯肉部分有龟裂、腐烂、干皱、变绿、黑心、畸形、空腔、机械伤、发芽等缺点。

生产者不希望马铃薯的产品有缺陷，因此必须花费时间和费用除去块茎缺陷部分。在实际生产过程中，块茎缺陷的剔除是较困难的，而且还会引起产品损失。块茎缺陷的存在直接影响产品的质量，使得产品在感官上不可接受。因此，对一个好的加工企业来说，在产品上市前必须除去这些缺陷，保证产品恒定的质量。

马铃薯内部和表面的一些细菌、真菌和病毒是由种子带来的，主要的表现是枯萎和腐烂。有些病害存在于马铃薯块茎内部，能通过等级检查而不被发现，但当对这些马铃薯进行加工处理时，如在马铃薯剥皮时会发现内部的病害和缺陷，去除这些缺陷时必将带来重量损失。即使在正常的贮藏过程中，由于马铃薯被病菌感染，还会使马铃薯干枯。为避免这种情况出现，应仔细挑选出被感染的块茎。

在马铃薯生产中引起的物理缺陷主要是收获、运输、贮藏和贮藏后运出等过程中造成的机械损伤。如果在原料预处理时不将缺陷部分去除，则在加工的产品上就有黑斑或大面积变黑。采用化学方法可以精确检测出表面损伤程度，在剥皮后可以看到黑斑和其他变色部分，如内部黑点、压伤、收获时的破裂和擦伤。一个擦伤黑斑通常深度不超过 0.6cm，而破坏性擦伤，如裂伤或在周边有一系列带污染的裂伤，则伤害部分有可能会深入马铃薯的内部。这些种类的缺陷都会给生产者造成经济上的损失。通常控制下列因素，可以将物理损伤降低到最小。

(1)在收获期有适当的土壤水分，也就是土壤水分为 60%～80%。

(2)在藤蔓死后，延长收获期 20d 左右。

(3)在土壤温度超过 10℃时开始收获。

(4)收获者要像播种一样规范地操作。

(5)装卸和贮藏的操作人员应认真，不要在地上滚动马铃薯袋。

充分了解造成马铃薯缺陷的原因，并在实际生产中加以控制，就可以避免和减少马铃薯的缺陷。

马铃薯的另一种缺陷是生理上的，如黑心病、生长断裂、热黑斑病和内部发芽等。这些缺陷是由不适宜的贮藏温度，缺少流通空气和通风量不够，水分或相对湿度没有达到规定的要求造成的。

病理上的缺陷通常是由细菌、真菌或病毒引起的，如细菌引起的腐烂、结痂、干枯、枯萎和坏疽。

昆虫学上的缺陷是由昆虫引起的，这些昆虫有蚜虫、叶蝉、盲蝽、蠕虫和线虫。通过合理的栽培措施和杀虫剂的使用，可以有效地控制这些病虫害。在生产过程中，如果不除去被病害和昆虫所伤的块茎，则会在最终产品中显现出来，影响产品的质量，有时会被消费者认为是劣质产品。

有些工厂在生产线上采用一些效率高、效果好的分拣设备来去除有缺陷的原料，比较有效，可完全保证产品的质量。然而，分拣设备的使用增加了生产成本，降低了产品的产率，对有些企业来说很难承担将所有有缺陷的原料丢弃的费用，毕竟有一些产品的缺陷只是影响产品的感官质量，但还具有食用价值。

任务四　马铃薯加工产品的风味

风味是食品给人们味觉和嗅觉的综合感觉。马铃薯是一种风味非常平淡的食品，加工的目的就是使制品具有特殊的、吸引人的风味，使消费者对其产生持续消费的欲望。罐装马铃薯是将马铃薯用盐水煮熟后装听；马铃薯沙拉则要加入洋葱、醋、沙拉调味料等调味品；炸鲜薯片和冷冻薯片主要由专用的烹调油制作，有时也加一些风味添加剂。

马铃薯由于自身的化学组成，有其自己独特的风味特性，但在加工、包装过程中的一些因素可能影响到产品的风味，通过人为控制生产、加工和产品的贮藏，可以有效地避免风味改变。造成风味改变的主要化学成分是糖苷生物碱，如果马铃薯中糖苷生物碱的含量超过 0.02μg/g，则该马铃薯不能用于加工，因为糖苷生物碱可使加工产品的风味变差。在马铃薯加工的原料处理过程中，一定要将腐烂、变质的马铃薯或相应部位清理干净，否则就会影响到最终产品的风味和产品质量。

用化学试剂控制虫害和病害会给加工产品带来一些问题。如使用含苯类的化合物，则在罐头、脱水或油炸马铃薯制品中产生严重的异味。

利用现代食品添加剂技术向马铃薯原料中添加一些风味物质，可使加工产品具有最佳的适口性。添加剂的使用是食品工业上很普遍的现象，它对改善食品的风味、口感、加工品质，延长产品货架期等具有重要的作用。

一、油

每一种油都有它自己的风味。花生油、玉米油、棉籽油、大豆油都具有特定的风味，并在马铃薯加工业中被广泛使用。有些加工厂根据自己产品的特点，也使用混合油。

决定油炸薯片质量的一个重要因素是产品的含油量。含油量过高，不仅会增加生产成本，而且使产品口感油腻，容易哈败，保质期缩短；含油量过低，产品酥脆性较差，口感粗糙。而产品的含油量的多少与多种因素有关。

对生产商来说，控制马铃薯油炸制品中油的含量是最关键的因素。在美国，早期马铃薯片中油的含量比现在高。第二次世界大战期间，薯片作为军需品要求含油量在46%，而现在由于营养学的要求，人们不希望薯片中含油量过高，生产厂家一般将薯片的含油量控制在30%以下。

影响薯片含油量的因素较多，其中最主要的是原料的品种和生产加工技术，在实际生产中常采用一些特殊的处理工艺减少薯片的含油量。影响薯片含油量的因素可归纳为以下几个方面：

①马铃薯块茎的相对密度或干物质的含量，含油量与相对密度和干物质的含量成正比。

②油炸前原料薯片的干燥程度。

③原料薯片用热水、热盐水和其他化学药品烫漂。

④薯片的厚度和光洁度。

⑤油的类型。

⑥烫漂时间。

二、盐和调味料

（一）盐

油炸薯片的风味受盐和调味料等添加剂的影响。盐有增强风味的作用。美国休闲食品协会推荐薯片中盐的添加量为(1.75±0.25)%。

盐含量的测定：

(1)称取25g有代表性的样品，加入250mL蒸馏水，搅拌混合成浆状。

(2)过滤得到120mL滤液。

(3)将过滤液倒入标准化的仪器中，可以直接读出数据。该方法是一个快速、准确测定盐含量的方法，可以对不同浓度的盐含量给出准确的测定结果。

（二）调味料

调味料对改善薯片的风味十分重要。现在大约有1/4的休闲食品中加入了调味料。

常见的风味品种有：①椒盐味：花椒粉适量、食盐1%，拌匀；②奶油味：喷涂适量奶油香精；③麻辣味：适量花椒和辣椒粉与1%的食盐拌匀；④海鲜味：喷涂适量海鲜香料；⑤孜然味：加适量孜然粉与食盐拌匀；⑥咖喱味：加适量咖喱粉与食盐拌匀；⑦原味：本味不加任何调味品与香料。此外，常用的调味剂还有醋、葱和干酪。

在油炸薯片中添加调味料时，可以将调味料吹到薯片上，或者把调味料调浆撒在产品上。一些再制马铃薯片、薯条或其他制品，可以在配料过程中将调味料加到原料中，加工出的产品就具有特定的风味。

每一个生产厂家都有自己的调味料配方和一套完整的测定各种产品中调味料的分析方法。通用的分析方法是用水或溶剂将薯片中的调味料抽提出来，用分光光度计测定调味料的含量。每种调味料都有各自的吸收波长，因此制造商和经销商必须提供调味料中每种成分的提取方法和定量分析方法。

通常，调味料的添加量为6%～8%。实际中的添加量取决于调味料中载体的用量、有效调味料的含量、调味料的生产厂家等。我国食品法规规定，在食品标签上须明确注明使用的调味料的种类和数量。

三、风味的评价

食品的风味是评价食品质量的重要因素，没有人愿意买风味很差的食品。然而评价风味是一项很复杂的工作，不仅需要评价风味本身，还需要看消费者对这种风味的接受程度。所以风味评价需要从感觉上、化学或物理等多方面进行。风味物质的活性成分可以用气相色谱法和气味分析法等测量得到。

对休闲食品或一些马铃薯产品进行风味评价是一项非常困难的工作，因为评价工作容易受检测者个人因素的干扰。风味评价以基本接受和不接受为基准。由于马铃薯产品风味种类很多，添加的风味物质的品种也很多，对一个产品就不能做简单评价，而是制定一套评分标准，由有经验的专业人员对产品进行精确的风味评定，使生产出的同一产品具有统一的、稳定的风味特征。

1. 风味评定

所有的风味评定都应在洁净、无味的房间中进行，评定小组中的每一个成员都独立地进行分析，并单独记录评定结果。如果是新开发的产品，评定小组中的每一个成员都要对产品特有的风味进行鉴定，并邀请对新产品和标准样品同时评价，分别记录评价结果。如果评定人员不能区别两个样品的风味，则说明两个样品之间没有差别。若评定人员精确地判断出产品的风味和得分，根据评定结果可决定该产品是否需要进一步研究、开发以及是否有市场开发前景。

2. 评分

在马铃薯产品的生产厂，每天都应举行一个产品评定会议，生产经理、销售经理和质检部门经理等都要参加这个会议，另外还要有7个评审专家组成的小组，分别对过去24h的产品进行评价(三班循环制)。

将每小时生产的样品分别送到评审小组进行初审，先用三位数字或三个字母对样品标号，如435、691、827等或AJM、KCZ、PWB等。样品放在杯里或盘上。评审人员配有一个计分卡、一杯水(用来漱口)、一个空杯(用来盛漱口的水)。采用10分制来计分，或对某一特定产品采用特殊的评分标准。实际上，评审人员还是喜欢采用与标准对照的方法，他们认为评分的方法很难判断生产出的产品与要求的微小差异。每次评审结果都要列表，并给出与

标准之间的差异。

理论上采用方差分析或 F 检验判断评定结果，该方法对研究实验有意义，但对产品的生产运行是不必要的。实际生产中，将每个人的分析结果列表，将抽样时间和分析数据绘成曲线，根据曲线就可以确定在某一时间内产品的评分及对应的质量。

在评价一个产品的质量时，风味和某种气味可以认为是最初的、最直接的评价指标。风味改变或有异味的产品是不允许在市场上销售的，而消费者也希望一个产品永远保持固有的风味和气味。

思考与练习

1. 简述质量保证体系引入的原因及其意义。
2. 中国马铃薯品质改良策略的主要方向是什么？
3. 影响马铃薯加工品质的因素有哪些？
4. 原料薯的主要特性包括哪些？

附　录

中华人民共和国专业标准
马铃薯(土豆、洋芋)
Potato

ZB B 23008—85

本标准适用于省、自治区、直辖市之间调拨的商品马铃薯。

1　**质量标准**

1.1　马铃薯按完整块茎分等。等级指标及其他质量指标见下表。

等级	完整块茎,%(每块 50g 以上)	不完整块茎,%			杂质%
		总量	疥癣	其他	
1	90.0	10.0	3.0	7.0	2.0
2	85.0	15.0	5.0	10.0	2.0
3	80.0	20.0	7.0	13.0	2.0

1.2　马铃薯以二等为中等标准,低于三等的为等外马铃薯。

1.3　卫生标准和动植物检疫项目,按照国家有关规定执行。

2　**名词解释**

2.1　完整块茎:完整、健全、不带绿色,以及轻微擦伤或伤后愈合的块茎。

2.2　不完整块茎,包括下列尚有食用价值的块茎:

2.2.1　疥癣块茎:块茎表皮上有疥癣,所占面积达块茎表面1/2及以上。

2.2.2　其他块茎:包括病虫害、机械伤(镐伤、挖伤)、绿皮、萎缩、发芽、畸形(俗称歪子、钮子等)、热伤、冻伤、雨淋、水湿等块茎。

2.3　杂质:一批块茎中所含的浮土、块茎上所沾的泥土、无食用价值的块茎,以及其他有机、无机物质。

3　**检验方法**

马铃薯样品的拣取和各项指标的检验,按照 GB 5490～5539—85《粮食、油料及植物油脂检验方法》有关部分执行。

4　**包装、运输和储存**

马铃薯的包装、运输和储存,必须符合保质、保量、运输安全和分等储存的要求。严防污染。

附加说明:

本标准由中华人民共和国商业部粮食储运局提出。

本标准由商业部粮食储运局检验处起草。

本标准主要起草人哈俊山。

自本标准实施之日起,原粮食部部标准薯 003《马铃薯(土豆、洋芋)》作废。

中华人民共和国商业部 1985-10-16 发布,1986-07-01 实施。

参考文献

[1] 门福义,刘梦芸.马铃薯栽培生理[M].北京:中国农业出版社,1995.

[2] 杜连启.马铃薯食品加工技术[M].北京:金盾出版社,2007.

[3] 张力田,高群玉.淀粉糖[M].北京:中国轻工业出版社,2011.

[4] 尤新.玉米深加工技术[M].2版.北京:中国轻工业出版社,2008.

[5] 秦波涛,李和平,王晓曦.薯类的综合加工及利用[M].北京:中国轻工业出版社,1996.

[6] 张燕萍.变性淀粉的制造与应用[M].北京:化学工业出版社,2001.

[7] 杜连启,高胜普.蛋白质强化马铃薯条加工技术[M].北京:化学工业出版社,2010.

[8] 张惟广.发酵食品工艺学[M].北京:中国轻工业出版社,2007.

[9] 江英,廖小军.豆类薯类贮藏与加工[M].北京:中国农业出版社,2004.

[10] 陈芳,赵景文,胡小松.我国马铃薯加工业的现状、问题及发展对策[J].中国农业科技导报,2002,4(2):66-68.

[11] 徐坤.马铃薯食品资源的开发利用[J].西昌农业高等专科学校学报,2002(2):47-51.

[12] 张东,葛岩涛.酶制剂制备马铃薯高麦芽糖浆的研究[J].食品科技,2003(2):7-12.

[13] 高胜普.几种新型土豆食品的加工技术[J].农学学报,2000(8):34

[14] 汤丽华,张惠玲,刘敦华.发酵型土豆汁饮料的工艺研究[J].饮料工业,2009,12(9):11-14.

[15] 祝美云,李梅,田莉.马铃薯菠萝复合低糖果脯的研制[J].浙江农业学报,2009,21(2):106-110.

[16] 若水.马铃薯果丹皮与马铃薯果酱的制作[J].农产品加工,2008(6):24.